한국의 산나물 도감

The Wild Greens of Korea

글로북스

한국의 산나물 도감

The Wild Greens of Korea

초판 1쇄 인쇄 2011년 1월 10일
초판 3쇄 발행 2018년 7월 25일

엮은이 산과사람
펴낸곳 글로북스
발행인 박경준

출판등록 2001년 7월 2일 제15-522호

주 소 121-896 서울특별시 마포구 서교동 444-15
전 화 02-332-4327
팩 스 02-3141-4347

자연이 우리에게 주는 산나물 들나물

한국의 산나물 도감

엮은이 산과사람

The Wild Greens of Korea

Contents

02_ 나무에 나는 나물

03_ 물가에 나는 나물

04_ 바닷가에 나는 나물

산나물의 대부분은 다년초이다. 꽃이 피고 지상의 잎이나 줄기가 말라도 뿌리나 땅속줄기는 남아 있기 때문에 제철이 되면 같은 장소에서 싹을 틔운다. 1년초나 해넘이 풀의 경우는 땅속뿌리도 말라버리지만, 씨가 흩날리며 그 주변에서 싹을 틔운다.

어린 싹은 찾아내기 어려우므로 꽃이나 잎이 다 자랐을 때 그 장소를 기억해두었다가 어린 싹이 나올 무렵 다시 찾으면 확실하게 채취할 수 있다. 나무의 싹이나 나무 열매의 경우도 마찬가지이다. 그렇게 해서 산나물이 자라는 장소를 기억해두고 조금씩 범위를 늘려 가면 된다.

산나물 채취는 야산의 자연을 깨뜨리는 행위로 연결된다. 절대로 남획하지 말고 제철의 것만 소량 채취해야 한다. 그것이 기본이다.

재배되는 야채와 달리 산나물이나 나무의 싹은 제철 전이나 제철이 지난 것은 맛이 떨어지며 상하기도 잘한다. 그러므로 먹을 수 있는 부분만 채취한다. 가지째 자른다거나 덩굴을 잡아당기거나 하는 행위는 결코 해서는 안 된다.

채취할 때 생활력이 왕성한 잡초 이외에의 뿌리줄기는 채취하지 않는다. 뿌리까지 채취해버리면 그 식물이 재생할 수 없게 된다. 자연의 은혜를 아주 조금만 나눠 받는다는 생각을 잊지 않도록 하자.

산과사람

The Wild Greens of Korea

01

산과 들에 나는 나물

봄의 고원이나 산기슭의 초원에는
달래, 냉이, 씀바귀, 머위, 고사리 등
잘 알려진 산나물이 천지로 피어나
본격적인 산나물 채취를 즐길 수 있다.
산나물의 종류는 조금씩 알아가면 된다.
익숙해지면 한 번 보고도 여러 종류의 산나물을
바로 찾아낼 수 있게 될 것이다.

달래 Allium grayi

이용부위 비늘줄기, 어린 잎, **이용방법** 생식, 무침, 찌개. **분포** 전국. **채취시기** 비늘줄기는 연중 어린잎은 3~5월. **채취장소** 산과 들. **전체크기** 40~60cm. **잎모양** 선형으로 길이 20~30cm, 폭 2~3mm. **생태** 다년생초

전국 각지에서 볼 수 있으며, 비늘줄기는 1년 내내 수확할 수 있으므로 이용하기 쉽다. 잎은 살짝 데쳐서 된장으로 무쳐 먹는다. 파 같은 매운맛과 부추 같은 냄새가 나서 찌개 요리에도 잘 어울린다. 비늘줄기는 씻어서 얇게 껍질을 벗겨 내고 생으로 된장을 묻혀 먹으면 좋다. 톡 쏘는 매운맛이 일품이다.

냉이 Capsella bursa-pastoris

이용부위 어린잎, 어린줄기, 뿌리. **분포** 전국. **채취시기** 3~5월. **채취장소** 산, 들판, 논 · 밭두렁. **이용방법** 무침, 국, 찌개, 죽. **전체크기** 10~50cm. **잎모양** 뿌리에서 나온 잎은 깃털 모양으로 갈라져 있다. **생태** 두해살이초.

봄나물 하면 가장 먼저 떠오르는 냉이는 그 향긋하고 독특한 맛 때문에 싫어하는 사람이 없을 정도이다. 특히 살짝 데쳐 된장을 넣고 버무려 먹는 그 맛은 별미 중의 별미다. 냉이국은 뿌리도 함께 넣어야 참다운 맛이 난다. 또한 데워서 우려낸 것을 잘게 썰어 나물죽을 끓여 먹기도 한다. 냉이에는 단백질과 칼슘, 철분이 풍부하고 비타민A가 많이 들어 있어 봄철 춘곤증 예방에 그만이다.

씀바귀 Ixeris dentata var. albiflora

이용부위 전체(어릴 때). **채취시기** 3~4월. **이용방법** 무침. **채취장소** 산, 들판, 논두렁 등 어디에서나 흔히 볼 수 있다. **분포** 전국. **전체크기** 25~50cm. **잎모양** 긴 타원형 바소꼴이며 길이 4~9cm. **생태** 다년생초.

씀바귀는 대표적인 봄나물의 하나이다. 고채(苦菜)·씸배나물이라고도 한다. 미각을 돋우고 까칠해진 입맛을 되살아나게 하는 쓴맛이 일품이다. 뿌리째 캐어 살짝 데쳐 나물로 무쳐 먹는다. 쓴맛이 부담스러우면 찬물에 오랫동안 우려내어 먹는다. 아무리 좋은 약이라도 쓴맛이라면 지레 인상을 찌푸리기 마련이지만, 씀바귀의 쓴맛은 참 묘하게도 입맛을 더욱 다시게 만드는 매력이 있다. 흰색 꽃이 피는 것을 흰씀바귀, 노란색 꽃이 피는 것을 꽃씀바귀라고 한다.

고들빼기 Youngia sonchifolia

이용부위 전체. **채취시기** 3~10월. **분포** 전국. **채취장소** 산, 들판, 논 · 밭두렁. **이용방법** 무침, 김치. **전체크기** 약 80cm. **잎모양** 긴 타원형, 길이 2.5~5cm, 폭 1.4~1.7cm. **생태** 두해살이초.

성장 초기에는 전체를 캐서 무침으로 먹고, 성장 후에는 뿌리만 채취해서 김치로 담가 먹는다. 씀바귀와 마찬가지로 맛이 매우 쓰다. 무더운 여름날, 특유의 쓴맛이 입맛을 돋우어주고 더위를 잊게 해준다. 대부분의 사람들이 씀바귀와 고들빼기를 혼동하는데, 씀바귀 잎은 가늘고 뾰족하며 고들빼기 잎은 씀바귀보다 5배 이상 넓고 둥글다. 또한 뿌리가 하나로 가늘고 긴 고들빼기에 비해 씀바귀의 뿌리는 한두 개 정도로 통통하고 잔뿌리가 많다.

민들레 Mongolian dandelion

이용부위 어린잎, 꽃, 뿌리. **이용방법** 샐러드, 무침, 볶음(잎), 절임, 튀김(꽃), 민들레차(뿌리). **분포** 전국. **채취시기** 연중. **채취장소** 들판, 밭, 정원. **전체크기** 10~30cm. **잎모양** 깃털처럼 갈라져 있는 것에서부터 꺼칠꺼칠한 것까지 다양하다. **생태** 다년생초.

요즘 민들레가 인기다. 우리나라 천지에 깔려 있는 민들레, 민들레가 우리 몸에 좋다는 것이 널리 알려지면서 웰빙식품으로 자리매김한 대표적인 식품이라 할 수 있다. 이른 봄 풋풋한 어린잎은 국거리로도 쓰고 나물로 무쳐서 먹는다. 쓴맛이 나는데 이 쓴맛이 위와 심장을 튼튼하게 하며 위염이나 위궤양도 치료한다. 뿌리는 가을이나 봄에 캐서 된장에 박아 두었다가 장아찌로도 먹고 김치를 담가서도 먹는다.

고사리 Pteridium aquilinum var. latiusculum

이용부위 어린싹. **이용방법** 무침, 조림, 묵나물. **분포** 전국. **채취시기** 최고 성장기는 4~5월, 높은 산에서는 7월까지. **채취장소** 산과 들의 양지바른 곳. **전체크기** 잎자루 길이 20~80cm, 잎몸 길이 20~100cm. **잎모양** 깃털 모양의 난상 삼각형, 길이와 폭은 50cm 이상. **생태** 다년생초.

보통 볕이 잘 드는 장소에서 자라고 있다. 잎이 단단하게 말려 있는 20~30Cm의 싹을 뿌리 밑동에서 세게 훑으면 부드러운 부분만 툭 부러진다. 쓴 맛을 없앤 후에 살짝 데쳐서 요리하거나, 삶아서 말린 뒤 먹는다. 비타민B1을 분해하는 티아미나아제와 독성물질인 프타킬로사이드가 들어 있지만, 2가지 성분 모두 열에 약하고, 물에 잘 녹기 때문에, 삶아서 오랜 시간 물에 풀어놓았다가 섭취하는 것이 좋다.

고비 Osmunda japonica

이용부위 어린 싹. **이용방법** 무침, 조림, 묵나물. **분포** 전국. **채취시기** 4~5월. **채취장소** 평지에서부터 산지의 습한 경사면. **전체크기** 60~100cm. **잎모양** 먹는 영양 잎은 깃털 모양, 못 먹는 잎은 삼각모양의 넓은 계란형. **생태** 다년생초

낙엽이 많은 음지, 이끼가 많이 낀 습한 지역에 자생한다. 고비는 고사리보다 줄기가 반들거리고 윤기가 난다. 고비와 고사리의 차이점은, 고비는 영양체와 포자체가 분리되어 있는 반면 고사리는 잎 뒷면에 포자들이 붙어 있다. 고사리보다 쓴맛이 강하다. 고비는 깨끗이 씻어 끓는 물에 데쳐서 한나절 정도 말려 손으로 비벼 다시 바싹 말린 후, 물에 담가 원래의 크기로 돌아오면 요리를 한다.

얼레지 Erythronium japonicum

이용부위 전체. **이용방법** 무침, 국거리. **분포** 전국. **채취시기** 3~4월. **채취장소** 높은 산악지대. **전체크기** 20~25cm. **잎모양** 난형 또는 긴 타원형, 길이 6~12cm. 폭 2.5~5cm. **생태** 다년생초.

산야에 자생하는 다년생초로,. 맛이 뛰어날 뿐만 아니라 꽃이 매우 아름답다. 땅 속의 길쭉한 비늘줄기에서 긴 타원 모양의 잎이 2장 나온다. 잎 사이에서 꽃대가 올라와 그 끝에 꽃이 피며, 대개 붉은 보라색이다. 씨에서 자라 꽃이 필 때까지 7~8년이나 걸린다고 한다. 꽃, 꽃봉오리, 어린잎, 비늘줄기와 풀 전체를 데쳐서 나물로 무쳐 먹거나 국을 끓여 먹는다.

영아자 Phyteuma japonicum

이용부위 어린잎. **이용방법** 쌈, 무침. **분포** 전국. **채취시기** 5~6월. **채취장소** 산골짜기 낮은 지대. **전체크기** 50~100cm. **잎모양** 난형, 길이 5~12cm, 폭 2.5~4cm. **생태** 다년생초

낙엽이 조금이라도 있어야 잘 난다. 낙엽이 하나도 없는 곳에는 전혀 자생하지 않는다. 줄기를 자르면 흰 진액이 나온다. 쌈을 주로 싸먹는데, 장을 발라 쌈을 싸서 먹으면 고소한 맛이 난다. 상추보다도 더 좋은 쌈채로 옛날부터 이용했다. 삶지 말고 생채로 겉절이를 하거나, 고추장에 무쳐 먹어도 맛있다.

곤드레 Cirsium setidens

이용부위 어린 싹과 줄기. **이용방법** 나물밥, 데침, 묵나물, 국거리, 볶음. **채취시기** 5~6월 **채취장소** 산, 들. **분포** 전국. **전체크기** 약 1m. **잎모양** 난형 또는 타원상 피침형. 길이 15~35cm. **생태** 다년생초.

곤드레는 옛날부터 없어서는 안 될 요긴한 산나물이었다. 옛날 보릿고개 때 배고픔을 잊게 하는 역할을 했다. 어린잎과 줄기를 밥에 섞으면 양이 부풀려지는 효과를 거뒀는데, 이를 '곤드레 밥'이라 불렀다. 곤드레를 쌀과 섞어서 밥을 지어 양념장과 곁들여 비벼 먹으면 그 맛이 일품이며, 요즘 건강식으로 좋은 호평을 받고 있다. 털이 많고 억센 취나물에 비해서 곤드레는 연하고 부드러워 먹을 때 씹히는 맛이 야들야들하고, 삼킬 때도 매끄럽다.

쑥부쟁이 Kalimeris yomena

이용부위 어린 싹. **이용방법** 데침, 무침, 볶음. **채취시기** 3~5월. **채취장소** 습기가 약간 있는 산과 들. **분포** 전국. **전체크기** 30~100cm. **잎모양** 긴 타원형, 길이 8~10cm, 폭 2~3cm. **생태** 다년생초.

비타민A, C가 풍부하고 식이섬유소 등이 다량 함유되어 있는, 영양가 높은 산나물이다. 보통 논두렁이나 도로변 등에 군생하고 있으며 손쉽게 수확할 수 있다. 10cm 이하의 어린 싹을 뿌리 밑동에서부터 딴다. 오래 놔두면 쓴맛이 나게 되므로, 따고 나면 바로 요리를 해서 먹는다. 국화과 특유의 향을 즐길 수 있다. 새싹을 따면 좋은 향이 난다.

쑥 Artemisia princeps

이용부위 어린싹, 어린잎, 뻗어나온 줄기 끝. **이용방법** 쑥떡(싹). 튀김, 무침, 국거리, 찌개거리(싹, 잎, 줄기 끝). **분포** 전국. **채취시기** 3~5월. **채취장소** 들판, 논 · 밭둑. **전체크기** 50~100cm. **잎모양** 깃털처럼 갈라져 있다. **생태** 다년생초.

집에서 만든 쑥떡은 각별한 봄의 미각을 느끼게 해준다. 쑥떡에는 하얀 선모로 덮인 이른 봄의 어린싹을, 튀김에는 늦봄의 다 자란 줄기 끝을 이용한다. 무침에는 데친 후 잘게 썰어서 이용한다. 하지만 섬유소가 강하고 딱딱해서 나물무침에는 썩 어울리지 않는다. 국거리나 찌개거리로는 잘 어울린다. 주변에서 흔히 볼 수 있으며 이른 봄, 볕이 잘 드는 양지에서 자라난다. 여름부터 가을까지는 봄과는 비교가 안 될 정도로 키가 크며, 작은 꽃을 많이 피운다.

떡쑥 Gnaphalium affine

이용부위 어린싹. **이용방법** 죽, 떡. **채취시기** 3~4월. **채취장소** 양지바른 밭둑, 길가. **분포** 전국. **전체크기** 15~40cm. **잎모양** 주걱형, 길이 2~6cm, 폭 4~12mm. **생태** 2년생초.

봄을 대표하는 나물 중의 하나다. 봄이 되면 길가에 핀 노란 꽃을 자주 볼 수 있다. 아무리 봐도 마을 어디에나 있는 잡초처럼 친근한 야초이다. 예전에는 쑥 대신에 이 어린싹으로 떡을 만들기도 했다. 봄이 막 시작될 무렵의 잎을 딴다. 어린싹일 때, 잎에 선모가 빽빽이 나 있으며 하야스름하게 보이므로 금방 알 수 있다. 채취할 때는 선모가 지저분하지 않은 것을 딴다.

망초 Erigeron canadensis

이용부위 어린잎, 줄기 끝 부분. **이용방법** 데침, 묵나물. **채취시기** 3~9월. **분포** 전국. **채취장소** 산, 들, 길가. **전체크기** 100~150cm. **잎모양** 피침형, 길이 7~10cm, 폭 1~1.5cm **생태** 1~2년생초.

봄에 뿌리에서 돋은 어린잎과 가을에 꽃이 피기 전 부드러운 줄기 끝 부분을 잎과 함께 꺾어 따서 데쳐서 먹는다. 탐스럽게 자라는 망초대는 훌륭한 가을 초록나물이 된다. 가을에 먹는 망초나물은 바로 먹을 수 있지만 이른 봄에 먹는 망초나물은 삶아서 30분 내지 한시간 정도 물에 담가 두었다가 무쳐 먹는다. 된장과 고추장 각종 양념에 버무리면 훌륭한 먹거리가 된다. 북아메리카에서는 약재로도 쓴다. 뿌리에는 독성이 있으므로 주의해야 한다.

엉겅퀴 Cirsium japonicum

이용부위 어린싹, 어린줄기, 뿌리. **이용방법** 데침, 무침, 조림(싹, 줄기). 절임, 무침(뿌리). **분포** 전국. **채취시기** 봄~초여름(싹, 줄기), 봄~가을(뿌리). **채취장소** 산야의 초지. **전체크기** 10cm~3m. **잎모양** 새털처럼 갈라져 있으며 가시가 있다. **생태** 다년생초.

엉겅퀴의 종류는 50종 이상이나 되며, 모두 뿌리나 잎을 이용할 수 있다. 엉겅퀴는 종류를 분간하기 어렵지만, 먹을 때 종류를 신경 쓰지 않아도 된다. 장소나 시기에 따라 맛이나 쓴 정도가 다르다. 줄기는 데쳐서 껍질을 벗기고 뿌리는 잘 씻어서 그대로 요리한다. 가시와 쓴맛이 있으며, 채취를 할 때에는 장갑과 나이프가 필요하다.

우산나물 *Syneilesis palmata*

이용부위 어린잎, 어린줄기. **이용방법** 데침, 무침, 국거리. **분포** 전국. **채취시기** 5~6월. **채취장소** 숲속의 습한 지역이나 계곡. **전체크기** 50~120cm. **잎모양** 긴 잎 꼭지가 있으며, 5~7갈래로 갈라진 단풍모양. **생태** 다년생초.

봄이 되면 가랑잎 사이에서 자라나는데, 선모로 덮인 잎이 한 장씩만 난다. 잎이 나기 시작하면 이름 그대로 찢어진 우산 모양이 되어 귀엽다. 다 자란 잎은 딱딱해지므로 잎이 다 나지 않은 새싹을 딴다. 부드럽고 쓴맛도 적다. 데친 후 물에 담가 두고 쓴맛을 제거하는데, 먹기 좋게 하려고 쓴맛을 너무 많이 제거하면 특유의 좋은 향미를 잃어버린다. 어린싹의 줄기 밑 부분에서 자연스레 툭 꺾이는 부분을 딴다. 조금 자란 것이라도 먹을 수 있다.

쇠서나물 Picris hieracioides var.glabrescens

이용부위 어린잎. **이용방법** 무침, 볶음. **분포** 전국. **채취시기** 3~4월. **채취장소** 산지의 볕이 잘 드는 둑, 초원. **전체크기** 25~100cm. **잎모양** 피침형, 가장자리가 아주 촘촘하게 삐쭉삐쭉하다. **생태** 2년생초.

전체가 갈색 강모로 덮여 있어, 잎이 피부에 스치면 마치 소가 혓바닥으로 핥았을 때의 감촉과 비슷하다. 모양도 소 혓바닥을 닮았다. 이른 봄, 꽃줄기가 서기 전에 푹 퍼져 있는 잎을 뿌리 밑동에서부터 딴다. 민들레를 축소시켜 놓은 것 같은 노란 꽃을 피운다. 잎에 닿으면 강모 때문에 꺼칠꺼칠하지만 데치면 괜찮아진다. 쓴맛도 없고 냄새도 안 나 순하다.

모시대 Adenophora remotiflora

이용부위 어린싹, 어린줄기. **이용방법** 쌈, 무침, 튀김, 볶음. **채취시기** 4~5월. **분포** 전국. **채취장소** 숲, 골짜기. **전체크기** 약 1m. **잎모양** 계란형 또는 타원형이며 가장자리가 삐쭉삐쭉하다. **생태** 다년생초.

봄에 나오는 산채 중에서 생으로 쌈 사서 먹을 수 있는 산나물 중의 하나다. 반그늘이 지는 숲이나 산지의 습한 곳에 산다. 줄기 속이 비어 있고 꺾어보면 흰 유액이 나오는 특징이 있다. 어릴 때는 밑동까지 채취하고, 20~30cm로 자라 있으면 줄기 끝의 부드러워 보이는 부분을 꺾는다. 씹히는 맛이 좋고 상큼하다. 겉절이를 해서 먹기도 하지만, 무엇보다도 삼겹살과 함께 쌈을 싸서 먹으면 그윽한 향이 어울려 맛있다.

질경이 Plantago asiatica

이용부위 잎. **이용방법** 튀김, 데침, 볶음. **채취시기** 4~9월. **분포** 전국. **채취장소** 길가, 초지. **전체크기** 10~20cm. **잎모양** 계란형, 가장자리가 매끈하다. **생태** 다년생초.

전국 방방곡곡, 사람이 다니는 길이라면 아무리 깊은 산중에서라도 자라고 있는 튼튼한 야초이다. 주변에서 쉽게 볼 수 있으므로 계속해서 이용하면 좋을 것 같다. 길가나 풀 사이를 찾아서 밟히지 않은 깨끗한 녹색 잎을 딴다. 튀김은 데친 후 살짝 튀겨내는데, 잎이 불룩해지면서 기름이 튀는 경우가 있으므로 주의한다. 씨앗(차전자, 車前子)은 기침약으로 이용하고, 따뜻하게 데운 잎은 상처에 붙이는 약으로 이용한다.

제비꽃 Viola vaginata

이용부위 어린잎, 줄기. **이용방법** 무침, 데침. **채취시기** 4~6월. **분포** 전국. **채취장소** 연못가, 개울가. **전체크기** 5~15cm. **잎모양** 하트모양이며 가장자리가 약간 삐쭉삐쭉하다. **생태** 다년생초.

산속 낙엽수림의 나무 그늘에서 눈이 녹으면, 연보라색 꽃이 소리 없이 핀다. 새싹과 꽃이 거의 동시에 나온다. 잎과 줄기가 다 자라지 않았을 때 채취한다. 잎이 얇으므로 살짝 데친다. 맛이 산뜻하고 미끈거리며 씹는 느낌이 좋고, 보기에도 아름답다. 요리에 싱싱한 꽃을 곁들이면 봄내음이 난다.

달맞이꽃 Oenothera erythrosepala

이용부위 어린잎. **이용방법** 무침, 데침. **채취시기** 11~4월. **분포** 전국. **채취장소** 해변, 강변. **전체크기** 80~150cm. **잎모양** 긴 타원형이며 가장자리가 물결 모양이다. **생태** 2년생초.

꽃이 저녁에 피고 아침에 진다고 해서 달맞이꽃이라고 부른다. 꽃이 예뻐서 원예용으로도 인기가 높다. 가을에 싹을 내서 로제트 상태로 겨울을 넘긴다. 추울 때, 로제트로 핀, 부드러워 보이는 잎을 뿌리 밑동에서부터 뜯어서 데친 다음 헹궈서 요리한다.

거지덩굴 Cayratia japonica

이용부위 어린싹, 덩굴 끝. **이용방법** 데침, 무침, 조림. **채취시기** 4~6월. **분포** 전국. **채취장소** 황무지, 공터, 둑, 밭. **전체크기** 덩굴성 식물. **잎모양** 새의 발 모양으로 5장의 소엽이 있으며, 좁은 계란 모양이고 가장자리가 삐쭉삐쭉하다. **생태** 다년생초.

덤불을 말라죽일 만큼 왕성하게 자란다고 해서 지어진 이름이다. 덩굴손으로 휘감으면서 덩굴을 뻗어 잎을 퍼뜨리고 도처에서 번식하는 성가신 잡초지만, 먹을 수 있다. 어린싹이나 부드러운 덩굴의 끝을 뜯는다. 어린싹은 적갈색이라서 알기 쉽다. 싹이나 덩굴 끝을 잘라서 잘 데친 다음 물에 헹군다. 특유의 매운맛이 있다.

나비나물 Vicia unijuga

이용부위 어린싹, 어린줄기. **이용방법** 무침, 데침. **채취시기** 4~5월. **분포** 전국. **채취장소** 산야의 둑, 논두렁, 수풀가. **전체크기** 50~90cm. **잎모양** 2장의 소엽이 깃털 모양의 겹잎이 된다. 전체적으로는계란 모양이며 가장자리는 매끄럽다. **생태** 다년생초.

나비나물은 우리나라 각처의 산과 들에서 자라는 다년생 초본이다. 생육환경은 풀숲이나 햇볕이 잘 들어오는 경사진 곳의 부엽질이 풍부한 곳에서 자란다. 콩 종류이지만 열매는 먹지 않는다. 어린 줄기 끝부분 10cm 정도를 딴다. 조금 뻗은 덩굴 싹의 끝부분도 이용할 수 있다. 한 그루에서 많은 줄기가 난다. 냄새는 없고, 콩과 특유의 향과 감칠맛이 나며 맛있다. 볕이 잘 드는 곳에서 자란다.

칡 Pueraria

이용부위 어린싹, 어린줄기, 꽃봉오리, 꽃. **이용방법** 튀김, 조림, 무침, 데침(어린 싹 · 줄기). 튀김(꽃, 꽃봉오리). **채취시기** 4월(어린 싹 · 줄기). 8월(꽃, 꽃봉오리). **분포** 전국. **채취장소** 산야. **전체크기** 덩굴성. **잎모양** 3개의 겹잎. 소엽은 마름모형으로 크다. **생태** 다년생초.

대형 덩굴풀이며 어디에서나 왕성하게 자란다. 어린싹은 털을 제거하고, 줄기는 껍질을 제거하고 나서 요리한다. 먹어보면 감칠맛이 있어 아주 맛있다. 커다란 잎도 튀김으로 사용한다. 굵은 뿌리에서 털투성이의 새싹이 뻗어나와 왕성하게 자란다. 성장이 빠르고 주변의 식물을 덮어서 말려 죽여 버릴 정도로 무성하다. 꽃은 붉은 보라색이고, 달콤한 향을 발한다.

자운영 Astragalus sinicus

이용부위 어린싹, 어린줄기, 꽃봉오리, 꽃. **이용방법** 무침, 튀김(어린 싹 · 줄기). 데친 후 조림(꽃, 꽃봉오리). **채취시기** 4~5월. **분포** 전국. **채취장소** 산야. **전체크기** 10~30cm. **잎모양** 4~5대의 소엽이 깃털 모양의 겹잎이 된다. 소엽은 거꾸로 선 계란 모양 또는 타원형. **생태** 2년생초.

중국이 원산지이며, 오래 전에 건너와 오랜 기간에 걸쳐 야생화화했다. 생육환경은 따뜻한 양지에서 자란다. 어린싹이나 꽃을 줄기째로 뜯어 어린싹과 꽃으로 나누면 된다. 시들기 쉬우므로 서둘러 요리한다. 콩과 특유의 기름진 감칠맛이 있다. 꽃은 식초 물로 살짝 데치면 좋다.

눈개승마 Aruncus dioicus var. kamtschaticus

이용부위 어린싹. **이용방법** 무침, 데침, 조림, 튀김. **채취시기** 4~5월. **분포** 전국. **채취장소** 산속 계곡, 습지. **전체크기** 30~80cm. **잎모양** 2회 3개 나는 겹잎이다. 소엽은 계란 모양이며 가장자리는 삐쭉삐쭉하다. **생태** 다년생초.

전국 각처의 고산지역에서 자라는 다년생 초본이다. 산길이나 계곡 사이의 습한 음지에서 자란다. 잎이 다 나지 않은 어린싹의 굵은 줄기를 툭 꺾이는 부분에서 딴다. 뿌리 밑동 쪽은 단단해서 먹을 수 없다. 튀김이나 조림은 날 것 그대로 사용하고, 그 밖에는 데쳐서 물기를 빼고 나서 요리한다. 기름진 음식에 어울린다. 쓴맛은 별로 없고 씹히는 맛이 좋다.

산갓 Cardamine komarovi

이용부위 어린 싹과 줄기. **이용방법** 물김치. **채취시기** 3~4월. **채취장소** 고산지대의 깊은 계곡 주변. **분포** 전국. **전체크기** 약 30cm. **잎모양** 원형 또는 난상 원형, 길이 2~8cm, 폭 1~6cm. **생태** 다년생초.

깊은 산의 그늘진 냇가에서 자란다. 산갓은 눈 속을 헤치고 아주 이른 봄에 싹이 올라오는데, 뿌리에서 나온 잎은 뭉쳐나고 잎자루가 있다. 꽃은 5월에 흰색으로 피어나는데, 꽃이 올라오기 시작하면 잎과 줄기가 억세져서 먹을 수 없다. 어린잎과 줄기로 물김치를 담가 먹는데, 겨자와 비슷하게 톡 쏘는 매운 맛이 있어 처음 접하는 사람들은 먹기가 힘들다. 하지만 상큼하고 개운한 맛이 있어, 선호하는 사람들은 산갓을 찾는다. 숙취해소에 최상의 효과가 있다.

참나물 Pimpinella brachycarpa

이용부위 어린 싹과 줄기. **이용방법** 쌈, 겉절이, 전, 김치. **채취시기** 4~5월. **채취장소** 산, 들. **분포** 전국. **전체크기** 50~120cm. **잎모양** 난형, 잎은 3개씩 달리는 3출엽. **생태** 다년생초.

참나물은 생으로 이용하는 산나물 중에 가장 맛있다고 한다. 보통 참나물이라고 하여 연중 유통되는 것은 참나물이 아닌 파드득나물(삼엽채)이다. 파드득나물과 생김새가 유사하기 때문에 쉽게 혼동할 수 있다. 파드득나물은 약간 쌉싸름한 맛이 있는 반면에 참나물은 은은하고 향긋한 맛이 뛰어나다. 산나물 중에 항산화제인 베타카로틴(비타민A)을 가장 풍부하게 함유하고 있다.

누룩치 Pleurospermum kamtschaticum hoffm.

이용부위 잎, 줄기. **이용방법** 생식, 무침, 장아찌. **채취시기** 4~5월. **채취장소** 깊은 산의 양지. **분포** 전국. **전체크기** 50~100cm. **잎모양** 난상 삼각형, 3출엽, 길이 20~40cm. **생태** 다년생초.

누룩치에서 나는 특유의 노린내(일명 빈대냄새) 때문에 누리대라고도 불린다. 고산지대, 험한 지형에서 한두 개씩 자란다. 누룩치는 역한 냄새가 나지만 반면에 식욕을 돋우고, 소화를 잘 되게 하는 특징이 있다. 잎과 줄기를 생으로 고추장이나 된장에 찍어 먹거나, 무쳐 먹는다. 향을 중화시키기 위해 장아찌로 만들어 먹기도 하고, 고추장을 푼 밀가루 반죽에 누룩치를 썰어 넣어 전으로 부쳐 먹기도 한다. 아주 어린 잎과 뿌리는 독성이 강하기 때문에 식용해서는 안 된다.

박쥐나물 Cacalia hastata var. orientalis

이용부위 어린잎, 어린줄기. **이용방법** 데침, 무침, 국거리. **채취시기** 5~6월. **분포** 전국. **채취장소** 습한 초원이나 숲속, 계곡. **전체크기** 1~2m. **잎모양** 삼각형태의 창 모양, 길이 25~35cm, 폭 30~40cm. **생태** 다년생초.

상큼한 향과 적당히 씁쓰레한 맛으로 인기가 있다. 씹히는 맛이 아삭아삭하고 쓴 맛이 약하다. 군생하며 크게 자란다. 줄기가 굵고 높이는 30cm 정도까지 큰 것을 자연스럽게 꺾어서 딴다. 줄기는 속이 텅 비어 있다. 여러 유사종이 있으며, 특히 산나물로 친숙하고 지역에 따라 부르는 이름도 다양하다.

게박쥐나물 Cacalia adenostyloides

이용부위 어린잎, 어린줄기. **이용방법** 데침, 무침, 국거리. **채취시기** 5~6월. **분포** 깊고 높은 산. **채취장소** 깊은 계곡. **전체크기** 60~100cm. **잎모양** 삼각형태의 심장 모양, 길이 6~10cm, 폭 10~20cm. **생태** 다년생초.

깊은 산의 나무 그늘에서 자라는 다년초로 군생한다. 외형은 박쥐나물에 비해 키도 작고, 잎도 작다. 그리고 잎의 외형은 박쥐나물이 삼각형태의 창 모양인 반면에 게박쥐나물은 신장형이다. 또한 전체에 털이 없고 원줄기에 홈이 파진 능선이 있으며 높이는 60~100cm이다. 잎은 어긋나고 다섯갈래로 얕게 갈라져 마치 게처럼 생겼다. 갈라진 조각은 끝이 뾰족하고 고르지 않은 톱니가 있으며 잎자루는 길이 3~13cm이다. 꽃은 6~9월에 백색으로 핀다. 어린잎을 식용한다.

왜현호색 Corydalis ambigua

이용부위 어린싹, 어린줄기, 꽃, 뿌리. **이용방법** 무침, 데침. **채취시기** 3~5월. **분포** 충북 이북의 산지. **채취장소** 낮은 산의 숲. **전체크기** 10~20cm. **잎모양** 줄기 하부에는 1개의 고리 모양의 잎이고, 줄기 중간 정도에 나는 잎은 1~2회 3개 나는 겹잎이며, 소엽은 타원형이다. **생태** 다년생초.

충북 이북의 산지에서 자라며, 나무의 잎이 아직 돋아나지 않은 이른 봄에 청보라색 꽃을 피우는 양귀비과 식물이다. 군락을 발견하면 솎아내듯 채취한다. 양귀비과 식물은 거의 독성을 가지고 있으므로 종류를 착각하지 않도록 한다. 살짝 끓는 물에 데친 다음 먹는다. 냄새는 전혀 없으며 신선한 미각을 느낄 수 있다. 풀 전체를 먹을 수 있다.

별꽃 Stellaria media

이용부위 어린잎, 줄기, 꽃싹. **이용방법** 무침, 찌개의 건더기, 튀김, 조림. **채취시기** 겨울~봄(양지), 여름(음지). **분포** 전국. **채취장소** 길가, 밭, 정원, 공터. **전체크기** 10~30cm. **잎모양** 둥근 계란형. **생태** 2년생초.

튼실하고 친숙한 산나물 중의 하나이다. 뿌리 밑동을 잘라 와서 부드러워 보이는 줄기의 끝만 채취하면 다루기 쉽다. 무침이나 찌개의 건더기에 사용하는 것은 소금물로 데친 후 물로 헹궈서 풋내를 제거한다. 그 밖에도 여러 종류의 별꽃이 있는데, 어느 것이든 먹을 수 있다. 땅을 덮듯이 줄기가 퍼지고 봄부터 가을까지 차례로 하얀 꽃을 피운다. 수없이 따내도 어린싹이 계속 뻗어 나온다.

비름 Amaranthus lividus

이용부위 어린싹, 어린잎. **이용방법** 무침, 데침, 찌개의 건더기, 조림. **채취시기** 6~10월. **분포** 전국. **채취장소** 길가, 밭, 정원, 공터. **전체크기** 30~80cm. **잎모양** 긴 무늬의 마름모 모양. **생태** 1년생초.

밭이나 정원에 깊숙이 들어가 왕성하게 자라나는 성가신 잡초지만, 쓴맛이나 냄새가 없어 의외로 맛있는 산나물이다. 비름과는 모두 귀화식물이며, 이 종류를 야채로 재배하기도 한다. 부드러운 잎이나 어린줄기의 끝을 채취해서 데친 후 물에 헹군다. 시금치처럼 여러 가지 요리에 사용한다.

쇠비름 Portulaca oleracea

이용부위 줄기. **이용방법** 데침, 무침, 조림. **채취시기** 7~9월. **분포** 전국. **채취장소** 길가, 밭, 정원, 공터. **전체크기** 15~30cm. **잎모양** 두껍고 쐐기모양의 긴 타원형. **생태** 1년생초.

둥근 줄기에 두꺼운 잎이 나며, 건조한 땅에서도 잘 자란다. 무더운 날씨 탓에 다 말라버린 지면에서도 끄떡없다. 굵고 부드러운 줄기를 채취한다. 밭에서는 특히 좋은 것을 찾을 수 있다. 신맛이 있고, 데치면 점액이 나온다. 많이 채취했으면 잎을 떼내고 줄기만 데쳐서 조림, 무침으로 사용한다.

명아주 Chenopodium album

이용부위 어린싹, 자라난 싹의 끝. **이용방법** 데침, 무침, 조림. **채취시기** 5~7월. **분포** 전국. **채취장소** 길가, 밭, 정원, 황무지. **전체크기** 60~150cm. **잎모양** 계란 모양. 가장자리는 삐죽삐죽하다. **생태** 1년생초

튼튼하고 잘 자라며, 내버려 두면 사람의 키만큼이나 자란다. 어린싹의 잎이 붙어 있는 뿌리가 백색이라서 쉽게 알 수 있다. 잎이 붙어 있는 뿌리에 가루분이 앉은 것처럼 빨간 것을 적명아주라고 부른다. 맛이 좋으며, 5~10cm 정도로 자란 부드러운 어린싹은 최고의 나물이다. 데치면 색은 떨어진다. 체질에 따라서는 많이 먹으면 피부병을 일으킬 수 있으므로 주의한다.

참소리쟁이 Rumex japonicus

이용부위 어린싹. **이용방법** 데침, 무침, 절임. **채취시기** 11~4월. **분포** 전국. **채취장소** 논두렁, 습한 들판, 강변. **전체크기** 40~100cm. **잎모양** 긴 타원형이며 가장자리는 물결모양. **생태** 다년생초

강한 신맛과 점액이 있어 맛이 독특하다. 월동 중인 잎의 뿌리 밑동에 나온, 막에 싸인 어린싹을 먹는다. 손으로 따면 어린싹의 점액으로 막이 벗겨져서 다루기 힘들어지므로 뿌리 밑동을 나이프로 자른다. 막을 제거하고 데쳐서 물로 헹군다. 담석이나 요석의 원인이 되는 수산이 많이 들어 있으므로, 너무 많이 먹지 않도록 한다.

수영 Rumex acetosa

이용부위 어린잎, 어린줄기. **이용방법** 데침, 무침, 절임. **채취시기** 11~5월. **분포** 전국. **채취장소** 논두렁, 습한 들판, 강변. **전체크기** 30~50cm. **잎모양** 긴 타원 모양의 피침형. **생태** 다년생초

맛은 시큼하지만 예부터 친숙하게 즐겨온 나물이다. 어렸을 때 어린줄기의 껍질을 벗겨서 생으로 씹어 먹어본 사람도 많을 것이다. 봄에는 부드러운 어린잎이나 단단해지기 전의 줄기를, 겨울에는 붉게 서리 맞은 잎을 딴다. 신맛을 내는 수산이 많으므로 잘 데쳐서 물에 헹군다. 참소리쟁이와 마찬가지로 너무 많이 먹지 않도록 한다.

호장 Polygonum cuspidatum

이용부위 어린싹, 어린줄기. **이용방법** 절임, 무침, 데침, 조림. **채취시기** 4~5월. **분포** 전국. **채취장소** 볕이 잘 드는 냇가, 산기슭. **전체크기** 30~150cm. **잎모양** 넓은 계란 모양. **생태** 다년생초

껍질을 벗긴 어린싹을 생으로 씹어 먹으면 시큼한 즙이 입 안에 가득 찬다. 잎이 돋아나 있지 않은 굵은 어린싹을 골라 채취한다. 껍질을 벗겨 데친 후 물에 헹군다. 호장도 참소리쟁이처럼 수산이 많으므로 너무 많이 먹지 않도록 한다. 많이 채취한 경우는 소금절임으로 보존한다.

달개비 Commelina communis

이용부위 어린줄기, 어린잎, 꽃. **이용방법** 무침, 튀김(어린잎, 줄기). 샐러드에 곁들임(꽃). **채취시기** 5~9월. **분포** 전국. **채취장소** 밭, 정원, 공터, 길가. **전체크기** 20~50cm. **잎모양** 계란 모양의 피침형. **생태** 1년생초

흔히 볼 수 있는 잡초이며, 청보라색의 꽃을 기억해두면 집 주변에서도 쉽게 찾아낼 수 있다. 예부터 해열, 설사, 감기, 편도선염 등에 민간약으로 쓰여왔고, 꽃의 경우는 염료의 밑그림 도구로 이용되어 왔다. 손가락으로도 딸 수 있을 정도의 줄기를 채취한다. 시들기 쉬우므로 따면 바로 살짝 데친다. 쓴맛과 냄새도 없고 산뜻한 맛이 난다.

뱀밥_쇠뜨기 Equisetum arvense

이용부위 포자 줄기(뱀밥). **이용방법** 무침, 조림, 튀김. **채취시기** 3~4월. **분포** 전국. **채취장소** 초원, 길가, 둑, 논두렁. **전체크기** 뱀밥은 8~35cm, 쇠뜨기는 20~40cm. **잎모양** 없음. **생태** 다년생초.

뱀밥은 쇠뜨기의 포자 줄기로 쇠뜨기보다 먼저 땅속줄기에서 뻗어 나온다. 뱀밥이 마를 무렵 쇠뜨기가 나온다. 포자의 깃털이 열리지 않은 어린줄기를 뿌리 부근에서부터 채취한다. 성가시지만 마디의 겉껍질을 벗겨서 요리한다. 냄새는 없으며, 살짝 데쳐서 무침 등으로 사용한다.

갈퀴덩굴 Galium spurium L.

이용부위 어린순. **이용방법** 데침, 무침. **채취시기** 4~5월. **채취장소** 길가 또는 빈터. **분포** 전국. **전체크기** 60~90cm. **잎모양** 좁은 피침형 또는 넓은 선형으로 길이 1~3cm, 폭 1.5~4mm. **생태** 1~2년생초.

줄기는 네모지고 밑을 향한 가시털이 덮여 있다. 우리나라 곳곳의 길가와 빈터에 덩굴처럼 자란다. 봄에 어린순을 나물로 해서 먹는다. 한방에서는 7~9월에 전초를 채취하여 말린 것을 산완두(山豌豆)라 하며, 타박상 및 통증, 신경통, 임질의 혼탁뇨, 혈뇨, 장염, 종기 등의 치료에 사용한다.

개박하 Nepeta cataria L.

이용부위 어린잎. **이용방법** 데침, 무침. **채취시기** 4~5월. **채취장소** 길가 또는 빈 터. **분포** 전국. **전체크기** 50~100cm. **잎모양** 삼각상 난형이고 길이 3~6cm, 폭 2~3.5cm. 가장자리에 굵고 뾰족뾰족한 톱니가 있다. **생태** 다년생초.

'돌박하' 라고도 한다. 산과 들에서 자란다. 줄기는 다소 뭉쳐나며 곧게 서고 위쪽에서 가지를 많이 친다. 봄에 어린잎을 나물로 먹는다. 박하 같은 향기와 맛을 낸다. 민간에서는 감기에 걸리고 열이 있을 때 차로 끓여 마시거나 조미료로 이용하고, 한방에서 꽃줄기와 잎을 중풍치료와 흥분제로 사용한다.

기름나물 Peucedanum terebinthaceum

이용부위 어린잎. **이용방법** 데침, 무침. **채취시기** 4~5월. **채취장소** 양지바른 산기슭. **분포** 전국. **전체크기** 30~90cm. **잎모양** 길이 5~10cm로서 끝이 뾰족하고 넓은 난형이다. **생태** 다년생초.

기름나물은 전국의 산지에서 자라는 다년생 초본이다. 생육환경은 물이 잘 빠지고 햇볕이 잘 드는 곳에서 자란다. 산기름나물, 참기름나물이라고도 한다. 어린잎을 나물로 식용한다. 기름나물은 줄기는 붉은 자주색을 띠며, 많은 가지로 갈라진다. 잎은 날개깃처럼 생긴 겹잎으로 3갈래로 퍼진다. 여러 장의 잔잎으로 이루어져 있다 긴 잎자루가 있다.

광대나물 Lamium amplexicaule L.

이용부위 어린잎. **이용방법** 데침, 무침. **채취시기** 3~5월. **채취장소** 풀밭, 습한 길가. **분포** 전국. **전체크기** 높이 10~30cm. **잎모양** 밑부분의 것은 지름 1~2cm로서 엽병이 길며 원형이고, 윗부분의 것은 엽병이 없으며 반원형이고 양쪽에서 원줄기를 완전히 둘러싸며 가장자리에 톱니가 있다. **생태** 2년생초.

전국 각지의 햇빛이 잘 드는 비옥한 땅에서 자란다. 마치 남사당패의 무동이 어깨 위에서 춤추는 모습처럼 꽃이 피어난다. 광대나물의 씨는 싹이 잘 트고 오래 생존하며 바람, 비, 동물을 통해 퍼져나간다. 어린잎을 나물로 먹는다. 민간에서는 지혈제로 쓰이기도 한다.

금낭화 Dicentra spectabilis (L.) Lem.

이용부위 어린잎. **이용방법** 묵나물. **채취시기** 4~5월. **채취장소** 산지의 돌틈, 계곡. **분포** 전국. **전체크기** 높이 40~50cm. **잎모양** 쐐기형, 길이 3~6cm로서 3~5개로 깊게 또는 완전히 갈라지며 끝에 결각이 있다. **생태** 다년생초.

오래 전 어느 산골에 가난한 며느리가 밥을 짓고 나서 밥맛을 보는데, 갑자기 엄한 시어머니가 부엌으로 들어오자 밥풀이 목에 걸려 죽었단다. 이 며느리가 죽은 돌무덤에 난 풀이 금낭화라는 전설이 있다. 꽃을 자세히 들여다보면 마치 목구멍에 걸린 밥알모양 같은 것이 보인다. 봄에 어린잎을 채취하여 삶아서 나물로 먹는다.

기린초 *Sedum kamtschaticum* Fisch. & Mey.

이용부위 어린 잎 · 줄기. **이용방법** 데침. **채취시기** 4~5월. **채취장소** 산지의 바위 곁. **분포** 전국. **전체크기** 높이 5~30cm. **잎모양** 도란형 또는 넓은 도피침형이며, 끝은 둥글고 기부는 좁아져서 줄기에 붙는다. 잎의 길이는 2~4cm, 폭은 1~2cm 정도. **생태** 다년생초.

기린초는 돌나물과에 속하는 여러해살이 풀이다. 전국 산지의 양지바른 바위틈에서 주로 자라는데, 키가 20cm 정도 되는 여러 개의 줄기가 모여 포기를 만들고, 이들이 다시 모여 작은 무리를 만든다. 어린잎과 줄기를 가볍게 데쳐서 나물로 먹는다. 맛이 담백하다. 잎의 모양이 마치 다육식물과 같이 두툼하면서 육질이 좋기 때문에 식감아 좋다.

돌나물 Sedum satmentosum Bunge

이용부위 어린 잎 · 줄기. **이용방법** 물김치, 무침. **채취시기** 제철은 3~5월, 연중 채취 가능. **채취장소** 산야의 풀밭. **분포** 전국. **전체크기** 높이 10~15cm. **잎모양** 긴 타원형 또는 피침형, 길이 1.5~2cm, 폭 3~6mm로서 가장자리가 밋밋하고 황록색이다. **생태** 다년생초.

돌나물은 봄철의 대표적인 나물 중 하나이다. 돌나물이 함유하고 있는 칼슘, 인, 비타민 C와 풍부한 무기질이 봄의 나른함을 없애준다. 돌나물은 1년 내내 새순을 따서 이용할 수 있다. 어린순을 물김치로 담그거나 초무침을 해서 먹는다. 돌나물은 풋내가 많이 나므로, 깨끗하게 다듬은 후 으깨지지 않게 살살 다루어야 한다. 소금물에 씻어 풋내를 없앤다.

금불초 Inula britannica var. chinensis

이용부위 어린잎. **이용방법** 묵나물. **채취시기** 4~6월. **채취장소** 산과 들의 습지. **분포** 전국. **전체크기** 높이 20~60cm. **잎모양** 넓은 피침형 또는 긴 타원형으로 길이 5~10cm, 폭 1~3cm이고 끝은 뾰족하다. **생태** 다년생초.

어린잎을 따서 묵나물로 해서 먹거나 된장국을 끓여 먹는다. 맵고 쓴맛이 강하므로, 데친 다음 하루 이틀 찬물로 우려내고 먹는다. 생약의 선복화(旋覆花)는 이 꽃을 말린 것으로 거담·진해·건위·진정 등의 효능이 있다. 전초와 뿌리도 각각 금불초·금불초근이라 하여 약용한다.

꿀풀 Prunella vulgaris var. lilacina

이용부위 어린순. **이용방법** 데침, 튀김. **채취시기** 4~5월. **채취장소** 볕이 잘 드는 산기슭, 풀밭. **분포** 전국. **전체크기** 높이 20~30cm. **잎모양** 잎은 마주나고 잎자루가 있으며, 긴 달걀 모양 또는 긴 타원형으로 길이가 2~5cm이고, 가장자리는 밋밋하거나 톱니가 있다. **생태** 다년생초.

꿀풀은 우리나라 각처의 산이나 들에서 자라는 다년생초본이다. 생육환경은 산기슭이나 들의 양지바른 곳에서 뭉쳐서 핀다. 가지골나물이라고도 한다. 볕이 잘 드는 풀밭에서 자란다. 봄에 어린순을 식용한다. 생약 하고초(夏枯草)는 꽃이삭을 말린 것이며, 한방에서는 임질·결핵·종기에 약으로 쓰고 소염제·이뇨제로도 쓴다.

조개나물 Ajuga multiflora Bunge

이용부위 어린잎. **이용방법** 데침. **채취시기** 3~4월. **채취장소** 양지바른 풀밭. **분포** 전국(제주도 제외). **전체크기** 높이 약 30cm. **잎모양** 타원형 또는 난형, 길이 1.5~3cm, 폭 7~20mm. 양면에 긴 융모가 있으나 점차 없어지며, 가장자리에 파상의 톱니가 있다. **생태** 1년생초.

조개나물은 경기 이남에서 자라는 다년생 초본이다. 생육환경은 양지쪽에 토양이 비교적 메마른 곳, 즉 묘지 주변이나 잔디가 많은 곳에서 자란다. 어린잎은 봄나물로 먹고, 꽃이 달린 원줄기와 잎은 한방에서 고혈압, 감기 등에 약재로 쓰며, 이뇨제로도 사용한다.

꿩의다리 Thalictrum aquilegifolium

이용부위 어린 잎?줄기. **이용방법** 데침. **채취시기** 4~5월. **채취장소** 산기슭의 풀밭. **분포** 전국. **전체크기** 높이 50~100cm. **잎모양** 아래쪽 잎은 길지만 위로 갈수록 짧아져 없어진다. 소엽은 도란형 또는 심원형이고 길이 1.5~3.5cm, 폭 1~3cm로서 3~4개로 갈라지며 끝이 둥글다. **생태** 다년생초.

산기슭의 풀밭에서 자란다. 줄기는 속이 비어 있고 곧게 서며 가지를 친다. 어린잎과 줄기는 데쳐서 나물로 먹고, 한방에서 전초를 말린 것을 감기·두드러기·설사 등에 약으로 쓴다.

대나물 Gypsophila oldhamiana MIQ.

이용부위 어린 잎 · 줄기. **이용방법** 데침. **채취시기** 4~8월. **채취장소** 산기슭의 풀밭, 바닷가 산지. **분포** 전국. **전체크기** 높이 50~100cm. **잎모양** 피침형, 3개의 엽맥이 뚜렷하고 끝이 뾰족하며 가장자리는 밋밋하며 중앙부의 잎은 길이 6cm, 폭 5~10mm. **생태** 다년생초.

산이나 들에 자생한다. 대나물은 전체에 털이 없고 줄기는 곧게 서며 많은 가지를 치는데, 여러 대의 줄기가 한군데 모여 높이 50~100cm 정도로 자라나 윗부분에서 가지가 갈라지며 저절로 비스듬히 휘어진다. 봄·여름에 연한 잎과 줄기를 삶아 나물로 먹는다.

등골나물 Eupatorium chinensis var. simplicifolium

이용부위 어린잎. **이용방법** 데침. **채취시기** 4~6월. **채취장소** 산야의 풀밭. **분포** 전국. **전체 크기** 높이 약 2m. **잎모양** 긴 타원형, 끝이 뾰족하고 길이 10~18cm, 폭 3~8cm. 가장자리에 비교적 규칙적인 뾰족한 톱니가 있다. **생태** 다년생초.

봄철에 자라나는 어린잎을 데쳐서 무쳐 먹는데, 그 맛이 매우 쓰다. 어린잎을 따서 떡잎은 제거하고 끓는 물에 데쳐서 찬물에 쓴맛을 우려 물기를 꼭 짠 후 나물로 무친다. 비타민이 풍부한 등골나물은 참기름 등 양념을 넣어 골고루 넣어 무쳐 먹는다.

메꽃 Calystegia japonica

이용부위 어린 잎 · 줄기, 뿌리. **이용방법** 데침(어린 잎 · 줄기). 무침, 나물밥(뿌리). **채취시기** 4~6월. **채취장소** 산속 풀밭, 인가 주변. **분포** 전국. **전체크기** 덩굴성. **잎모양** 긴 타원상 피침형, 끝이 뾰족하며 길이 5~10cm이고 폭은 옆으로 나온 돌기와 더불어 폭 2~7cm이다. **생태** 덩굴성 다년생초.

땅속의 백색 뿌리줄기에서 덩굴성 줄기가 나와 다른 것에 감겨 올라간다. 어린잎은 나물로 먹으며, 뿌리를 캐면 굵은 국수 모양으로 많은 뿌리가 얽혀 있다. 이 뿌리는 캐서 시루떡이나 밥을 지을 때 넣어 먹으면 달고 맛이 좋다. 어린잎은 쓴맛이 없고 담백하다. 가볍게 데쳐서 물에 헹구어 무쳐 먹는다.

며느리배꼽 Persicaria perfoliata (L.) H.Gross

이용부위 어린 잎. **이용방법** 데침, 무침. **채취시기** 4~6월. **채취장소** 산속 풀밭, 인가 주변. **분포** 전국. **전체크기** 덩굴성. **잎모양** 삼각형이고 끝이 뾰족하며 길이 3~6cm, 폭 3~8cm로서 가장자리가 파상이다. **생태** 덩굴성 1년생초.

긴 엽병이 잎 밑에서 약간 올라붙어 있어 배꼽이라는 이름이 붙었다. 들에서 흔히 자란다. 길이 1~2m이고, 갈고리 같은 가시가 있어 다른 물체에 잘 붙어 올라간다. 어린잎을 나물로 먹고, 성숙한 잎은 약용한다.

무릇 Scilla scilloides

이용부위 잎, 비늘줄기. **이용방법** 데침, 장아찌. **채취시기** 4~6월(잎), 4~9월(비늘줄기). **채취장소** 약간 습기가 있는 들판. **분포** 전국. **전체크기** 높이 20~50cm. **잎모양** 봄과 가을 두 차례에 걸쳐 2개씩 나오고 길이 15~30cm, 폭 4~6cm로서 약간 두꺼우며 끝이 뾰족하고 털이 없다. **생태** 다년생초.

들이나 밭, 습기 있는 빈터에서 흔히 볼 수 있다. 여름이면 대나무 대신 복조리를 만들 정도로 힘 있는 무릇의 꽃대가 무리 지어 피어 있는 모습을 볼 수 있다. 봄에 나온 잎은 여름에 꽃이 나올 무렵 지고, 가을에 새로이 잎이 자란다. 잎을 데쳐서 나물로 무쳐 먹고, 비늘줄기는 간장에 조려서 먹는다.

물레나물 Hypericum ascyron L.

이용부위 어린잎. **이용방법** 데침. **채취시기** 4~5월. **채취장소** 볕이 잘 드는 풀밭. **분포** 전국. **전체크기** 높이 50~100cm. **잎모양** 끝이 뾰족한 피침형이며 길이 5~10cm, 폭 1~2cm로 투명한 점이 있다. **생태** 다년생초.

숲가 또는 논이나 밭둑과 같이 토양이 기름지고 양지바른 곳에 주로 생육하는 여러해살이 풀이다. 어린잎을 나물로 먹는다. 한방에서는 뿌리를 제외한 전체를 홍한련(紅旱蓮)이라는 약재로 쓰는데, 간 기능 장애로 인한 두통과 고혈압에 효과가 있고 지혈작용을 한다.

밀나물 Smilax riparia var. ussuriensis

이용부위 어린순 · 잎. **이용방법** 무침, 데침, 볶음. **채취시기** 4~5월. **채취장소** 산과 들. **분포** 전국. **전체크기** 덩굴성, 줄기의 길이 약 2~3m. **잎모양** 난형 또는 긴 타원형, 길이 5~15cm, 폭 2.5~7cm로서 5~7개의 맥이 있으며 끝이 뾰족하다. **생태** 덩굴성 다년생초.

맛이 좋은 산나물 중의 하나로, 줄기와 덩굴손으로 다른 식물에 의지하여 감겨붙어 자란다. 봄에 연한 순과 잎을 따서 장에 무쳐 먹거나 국을 끓여서 먹고, 혹은 기름에 볶아 먹어도 좋다. 고추장에 찍어 먹어도 맛있다. 한방에서 뿌리를 우미채(牛尾采)라는 약재로 쓰는데, 기가 부족하여 몸이 붓는 증상을 치료하고 근육과 관절의 동통에도 사용한다.

봄맞이 Androsace umbellata (Lour.) Merr.

이용부위 어린잎. **이용방법** 데침. **채취시기** 3~4월. **채취장소** 풀밭이나 밭둑. **분포** 남부지방. **전체크기** 높이 5~10cm. **잎모양** 모든 잎이 뿌리에서 나와 지면으로 퍼지고 길이 1~2cm이고, 10~30개가 뭉쳐난다. **생태** 1~2년생초.

봄에 볕이 잘 드는 산기슭의 풀밭이나 밭둑에서 흔히 볼 수 있다. 줄기가 사방으로 퍼져나가며, 줄기 전체에 흰털이 있다. 어린잎을 살짝 데쳐 양념에 무쳐 먹거나, 된장국 끓일 때 넣어 먹는다. 꽃을 그늘에 말려 차로 마시기도 한다.

뽀리뱅이 Youngia japonica (L.) DC.

이용부위 어린잎. **이용방법** 데침, 무침. **채취시기** 3~5월. **채취장소** 산기슭의 그늘진 곳. **분포** 전국. **전체크기** 높이 15~100cm. **잎모양** 로제트형으로 비스듬히 자라며 피침형이고, 길이 8~25cm, 폭 1.7~6cm로써 털이 있다. **생태** 2년생초.

국화과의 두해살이풀. 보리뱅이 · 황가채 · 박조가리나물이라고도 한다. 길가 또는 다소 그늘진 곳에서 자란다. 뿌리에서 나온 로제트 잎이 비스듬히 퍼지고 무잎처럼 갈라진다. 꽃은 지름 7~8mm의 노란 꽃이 많이 달리고 5~10월 무렵까지 핀다. 어린잎을 데쳐 무쳐 먹거나 소금에 절여 김치로 담가 먹는다.

뱀무 Geum japonicum Thunb.

이용부위 어린잎. **이용방법** 데침. **채취시기** 3~5월. **채취장**소 산비탈, 초원과 길가. **분포** 울릉도, 중부이남. **전체크기** 높이 25~100cm. **잎모양** 난상 원형 또는 심장형, 길이와 폭이 각 3~6cm이고 흔히 3개로 갈라지고 가장자리에 톱니가 있다. **생태** 다년생초.

뱀무는 우리나라 울릉도와 중부 이남지방의 산비탈, 초원과 길가 등에 자생하는 다년생초본으로 어린잎을 나물로 먹는다. 한방과 민간에서는 전초를 위궤양, 고혈압, 치혈 등의 약재로 사용해 왔다.

산부추 Allium thunbergii G.Don

이용부위 전체. **이용방법** 무침, 데침, 겉절이, 전. **채취시기** 4~10월. **채취장소** 산지나 들. **분포** 전국. **전체크기** 높이 30~60cm. **잎모양** 잎은 2~5mm 정도의 가는 잎 2~3개가 위로 퍼진다. 흰색이 도는 초록색으로 단면은 삼각형이다. **생태** 다년생초.

야생에서 자라는 부추로 귀한 채소다. 사찰에서도 이용되는 식재료로 일반 나물류처럼 즐겨 먹는다. 부추는 몸을 따뜻하게 하는 효능이 있어, 몸이 차가운 사람에게 효과가 좋다. 이는 부추의 알릴(Allyl) 성분이 혈액순환을 돕기 때문이다.

산비장이 Serratula coronata var. insularis

이용부위 어린잎. **이용방법** 데침. **채취시기** 4~5월. **채취장소** 산지나 들. **분포** 전국. **전체크기** 높이 30~140cm. **잎모양** 난상 타원형으로서 끝이 뾰족하며 가장자리가 완전히 갈라지고 열편은 6~7쌍이며, 엽병은 길이 11~30cm이다. **생태** 다년생초.

꽃이 엉겅퀴와 비슷하다. 그러나 엉겅퀴처럼 날카로운 가시는 없고, 잎의 양쪽에 가는 흰털이 있다. 이른 봄에 어린잎을 나물로 먹는데 맛이 쓰고 떫기 때문에 데쳐서 찬물에 약간 우려낸 다음, 국에 넣거나 들기름·참기름을 쳐서 무쳐 먹는다.

지칭개 Hemistepta lyrata

이용부위 어린잎. **이용방법** 데침. **채취시기** 4~5월. **채취장소** 주로 낮은 곳의 산과 들. **분포** 전국. **전체크기** 높이 60~80cm. **잎모양** 뿌리잎은 방석 모양으로 겨울을 지내며 꽃이 필 때까지 남아 있다. 줄기잎은 긴 타원형이고 밑부분이 좁아지며, 길이 7~21cm로서 뒷면에 백색 털이 밀생한다. **생태** 2년생초.

옛 어른들은 봄에 입맛이 없을 때 최고의 봄나물로 지칭개를 꼽았다. 뿌리와 함께 물에 데쳐 된장을 기본양념으로 해서 무쳐 먹으면 쓴맛과 함께 느껴지는 맛이 구미를 당긴다. 어린잎을 식용하고, 한방에서는 뿌리를 제외한 식물체 전체를 약재로 쓴다. 종기에 효과가 있고, 외상출혈이나 골절상에 짓찧어 붙이며, 치루에 달인 물로 환부를 닦는다.

뻐꾹채 Rhaponticum uniflorum (L.) DC.

이용부위 어린 잎 · 줄기, 꽃봉오리. **이용방법** 데침, 볶음. **채취시기** 4~5월. **채취장소** 산기슭의 건조한 풀밭. **분포** 전국. **전체크기** 높이 30~70cm. **잎모양** 피침상 긴 타원형, 끝이 둔하고 밑부분이 좁으며 길이 15~50cm. **생태** 다년생초.

어린잎은 삶아서 우렸다가 나물로 무쳐 먹거나 기름에 볶아 먹는다. 꽃줄기와 잎자루도 껍질을 벗겨 삶아 먹는다. 채 피지 않은 꽃봉오리도 따서 까실까실한 갈색의 비늘을 벗겨 버리고 살짝 데쳐 썰어서 샐러드나 초고추장에 찍어 먹거나 볶아 먹는다. 뻐꾹채는 엉겅퀴와 모습이 유사하지만 가시가 없다.

절국대 Siphonostegia chinensis Benth.

이용부위 어린잎. **이용방법** 데침. **채취시기** 4~6월. **채취장**소 양지바른 풀밭. **분포** 전국. **전체크기** 높이 30~60cm. **잎모양** 선상 피침형, 길이 2~3.5cm로서 3개로 갈라지며 1~3개의 톱니가 있다. **생태** 1년생초.

절국대는 우리나라 각처의 산에서 자라는 반기생 일년초이다. 생육환경은 양지 혹은 반그늘의 풀숲에서 자란다. 높이 30~60cm로 곧게 자란다. 줄기는 윗부분에서 가지가 갈라지고 보통 흰색의 부드러운 털로 덮여 있다. 잎은 마주나고 긴 달걀 모양이며 깃처럼 갈라진다. 갈래조각은 줄 모양이며 1~3개의 톱니가 있다.

석잠풀 Stachys riederi var. japonica

이용부위 어린잎. **이용방법** 데침. **채취시기** 4~5월. **채취장소** 산과 들의 습지. **분포** 전국. **전체크기** 높이 30~60cm. **잎모양** 피침형, 가장자리에 톱니가 있으며 길이 4~8cm, 폭 1~2.5cm. **생태** 다년생초.

석잠풀은 우리나라 전역에서 자라는 숙근성 다년생 초본이다. 생육환경은 양지바르고 물 빠짐이 좋은 곳에서 자란다. 줄기의 모서리와 잎 뒷면의 주맥에 털이 있는 것을 개석잠풀, 전체에 털이 많은 것을 털석잠풀이라고 한다. 어린잎은 데쳐서 나물로 먹으며 한방에서는 전초를 해열, 해수, 태독, 진통, 정혈, 복통 등에 약재로 쓴다.

송이풀 Pedicularis resupinata L.

이용부위 줄기 끝. **이용방법** 데침. **채취시기** 4~6월. **채취장소** 깊은 산 숲속. **분포** 전국. **전체크기** 높이 30~60cm. **잎모양** 좁은 난형이고 끝이 뾰족하며 밑부분이 갑자기 좁아지고 길이 4~9cm, 나비 1~2cm. **생태** 다년생초.

송이풀은 우리나라 전역의 산에서 나는 다년생 초본이다. 생육환경은 깊은 산 숲속, 토양이 비옥하고 물 빠짐이 좋은 반그늘에서 자란다. 줄기는 밑에서 여러 대가 나와 함께 높이 30~60cm까지 자라며, 밑에서 가지가 갈라진다. 줄기 끝의 어린잎과 줄기를 데쳐서 나물로 먹거나 국·찌개에 넣어 먹는다.

솔나물 Leibnitzia anandria (L.) Turcz.

이용부위 줄기 끝. **이용방법** 데침. **채취시기** 4~5월. **채취장소** 산지 가장자리 양지. **분포** 전국. **전체크기** 높이 70~100cm. **잎모양** 잎은 길이 2~3cm, 나비 1.5~3mm로서 선형이고 8~10개가 돌려나며, 끝이 뾰족하고 뒷면에 털이 있다. **생태** 다년생초.

햇빛이 잘 드는 숲가의 풀밭 언덕, 특히 무덤이 넓게 펼쳐진 곳에서 무더기로 자란다. 8~10개씩 돌려나는 잎이 마치 솔잎처럼 생겨서 솔나물이라 부른다. 방향성 식물로 꽃에서 향기가 난다. 꽃이 피기 전까지 줄기 끝의 어린 잎과 줄기를 데쳐서 나물로 먹거나 국·찌개에 넣어 먹는다.

좁쌀풀 Lysimachia vulgaris var. davurica

이용부위 어린잎. **이용방법** 데침. **채취시기** 4~5월. **채취장소** 햇볕이 잘 드는 습지. **분포** 전국. **전체크기** 높이 40~80cm. **잎모양** 피침형 또는 좁은 난형, 길이는 4~12cm, 폭 1~4cm로서 검은 점이 드문드문 있고, 뒷면 밑부분에 잔선모가 있으며 양끝이 좁고 가장자리가 밋밋하다. **생태** 다년생초.

좁쌀풀은 우리나라 각처의 산지에서 자라는 숙근성 다년생 초본이다. 생육환경은 양지 혹은 반그늘인 풀숲의 가장자리에서 자란다. 원줄기는 곧추서서 가늘게 높이 큰다. 땅속줄기는 옆으로 뻗으며 자란다. 어린잎을 나물로 먹는다. 관상용으로 이용되고, 밀원식물(꿀벌이 꽃꿀을 찾아 날아드는 식물)로도 가치가 있다. 전초를 황련화(黃蓮花)라 하며 약용한다. 두통, 불면에 좋은 효과가 있다.

옹굿나물 Aster fastigiatus Fisch.

이용부위 어린순. **이용방법** 무침. **채취시기** 5~6월. **채취장소** 냇가 근처 풀밭. **분포** 전국. **전체크기** 높이 30~100cm. **잎모양** 처음에 나온 잎은 꽃이 필 때까지 그대로 남아 있으며 선상 피침형이고 끝이 좁으며 길이 5~12cm, 나비 4~15mm. 나중에 나온 잎은 길이 2~3cm이다. **생태** 다년생초.

키가 30~100cm 정도로 직선으로만 자란다. 줄기는 곧게 서고 윗부분에 잔털이 빽빽이 난다. 잎은 어긋나고 약간 두꺼우며, 뒷면은 약간 흰색이고 점과 잔털이 있다. 어린순을 나물로 무쳐서 먹는데, 희귀종이다.

윤판나물 Disporum uniflorum Baker.

이용부위 어린순. **이용방법** 데침. **채취시기** 3~4월. **채취장소** 숲속이나 덤불 등 음지. **분포** 38선이남. **전체크기** 높이 30~60cm. **잎모양** 긴 타원형, 끝이 뾰족하며 길이 5~15cm, 폭 1.5~4cm. 3~5개의 잎맥이 뚜렷하다. **생태** 다년생초.

이른 봄에 어린순을 데쳐서 나물로 먹거나 국을 끓여 먹는다. 부드럽고 맛이 좋으나, 많이 먹으면 설사를 한다. 데친 후 찬물로 충분히 우려낸 다음 조리한다. '귀틀집' 의 지리산 주변의 방언이 '윤판집' 인데, 생김새가 그와 닮아서 이름이 '윤판나물' 로 되었다는 설이 있다.

장구채 Silene firma Siebold & Zucc

이용부위 어린 잎 · 줄기. **이용방법** 데침. **채취시기** 4~5월. **채취장소** 볕이 잘 드는 산이나 들. **분포** 전국. **전체크기** 높이 30~80cm. **잎모양** 난형 또는 넓은 피침형, 끝이 좁으며 길이 3~10cm, 폭 1~3cm. **생태** 2년생초.

높이 30~80cm 정도로 자라는 줄기는 곧고 길며 전체에 털이 없다. 줄기가 장구의 채처럼 보인다. 7월에 줄기 끝이나 잎겨드랑이에서 취산화서로 흰색의 꽃이 달린다. 봄에 어린잎과 줄기를 나물로 먹으며, 한방에서는 전초를 종자와 같이 진통, 지혈 등에 약재로 쓴다.

종지나물 Viola papilionacea Pursh

이용부위 어린잎. **이용방법** 데침. **채취시기** 3~4월. **채취장소** 산과 들. **분포** 전국. **전체크기** 높이 약 20cm. **잎모양** 잎자루는 잎몸보다 길며, 잎은 종지 모양이고, 심장형이며, 끝은 약간 뾰족하고, 잎 가장자리에는 톱니가 있다. **생태** 다년생초.

심장 모양 잎이 종지를 닮았다고 종지나물이다. 1945년 8 · 15광복 이후 미국으로부터 들어온 귀화식물로 한국 토착종인 제비꽃류와 비슷하게 생겼다. 밑동에서 순이 다보록하게 솟아난다. 어린잎을 나물로 먹는다. 열로 인한 일체의 종기, 피부가 헐어 생긴 발진, 살갗이 벌겋게 되면서 화끈거리고 열이 나는 병증에 전초를 짓찧어 붙이면 증상을 치료한다.

곰취 *Ligularia fischerii*

이용부위 잎, 줄기. **이용방법** 쌈, 무침, 묵나물, 절임, 장아찌. **채취시기** 4~5월. **채취장소** 깊은 산. **분포** 전국. **전체크기** 1~2m. **잎모양** 심장형, 길이 32cm, 폭 40cm. **생태** 다년생초.

깊은 산, 습지의 비옥한 사질양토에서 잘 자란다. 쌉쌀하면서도 독특한 향이 있다. 어린잎은 생으로 쌈을 싸먹고, 잎이 조금 거세지기 시작하면 잎을 데친 후 말려서 묵나물로 무쳐 먹는다. 한방에서 뿌리줄기를 약재로도 사용하기 때문에 그대로 먹어도 몸에 좋고, 살짝 데쳐서 무침을 해도 맛과 향이 뛰어나다. 절임을 해도 좋고, 고추장이나 된장에 박아두었다가 장아찌로 먹으면 한겨울에도 봄의 향취를 맛볼 수 있다. 독성이 있는 동의나물과 잎이 비슷하므로 주의한다.

곤달비 Ligularia stenocephala

이용부위 잎, 줄기. **이용방법** 쌈, 무침, 묵나물, 절임, 장아찌. **채취시기** 4~5월. **채취장소** 깊은 산의 습지. **분포** 전국. **전체크기** 60~100cm. **잎모양** 심장형, 길이 24cm, 폭 20cm. **생태** 다년생초.

언뜻 보면 곰취와 비슷하게 생겨서 구분이 잘 가지 않지만, 대체적으로 곰취보다 크기가 작고 잎이 반들거리며 윤기가 난다. 그리고 줄기를 보면 곰취는 갈색 줄무늬가 있는 반면에 곤달비는 줄무늬가 없는 게 특징이다. 곤달비는 곰취보다는 연한 향과 맛을 지니고 있으며 향긋한 향이 좋아 쌈으로 싸 먹을 수 있고, 장아찌나 김치로도 만들어 먹을 수 있다. 독성이 있는 동의나물과 잎이 비슷하므로 주의한다.

참취 Aster scaber Thunb.

이용부위 잎, 줄기. **이용방법** 쌈, 무침, 묵나물. **채취시기** 3~4월. **채취장소** 깊은 산. **분포** 전국. **전체크기** 1~1.5m. **잎모양** 긴 심장형, 길이 9~24cm, 폭 6~18cm. **생태** 다년생초.

참취는 국화과에 속하는 여러해살이식물로서 가장 널리 알려진 산나물 중의 하나이다. 잎은 긴 심장형이며 잎 가장자리에 톱니가 있다. 취나물에는 수산(Oxalic Acid)이 많아 생것으로 많이 먹으면 몸 속의 칼슘과 결합해 결석을 유발하기도 하지만, 열에 약하므로 끓는 물에 살짝 데치기만 해도 모두 분해되어 아무런 해가 없다. 생으로도 이용 가능하지만, 주로 삶아서 말려두었다가 묵나물로 이용한다.

단풍취 Ainsliaea acerifolia

이용부위 잎, 줄기. **이용방법** 쌈, 무침, 볶음, 묵나물. **채취시기** 4~5월. **채취장소** 산지. **분포** 전국. **전체크기** 35~80cm. **잎모양** 단풍잎모양, 길이 9~13cm, 폭 6~19cm. **생태** 다년생초.

산에서 흔히 자란다. 땅속줄기를 뻗고 줄기는 곧게 서며 가지를 내지 않는데, 높이가 35~80cm이다. 전체에 긴 갈색 털이 나 있다. 줄기 중간에 긴 잎자루를 가진 잎이 돌려난다. 잎이 미처 다 펴지기 전에 작은 순을 채취해서 잎을 잘라내고 남은 줄기를 고사리처럼 데쳐서 먹으면 향이 좋다. 보통은 잎이 퍼진 어린 순을 채취해 무쳐 먹거나 볶아 먹는다. 삶아서 말려 둔 뒤 묵나물로도 먹는다.

개미취 Aster tataricus L.f.

이용부위 잎. **이용방법** 쌈, 무침, 묵나물. **채취시기** 5~6월. **채취장소** 깊은 산의 습지. **분포** 전국. **전체크기** 1~1.5m. **잎모양** 난형~긴 타원형, 길이 20~30cm, 폭 6~10cm. **생태** 다년생초.

깊은 산속 습지에서 자생하나 재배하기도 한다. 높이는 야생이 1.5m 정도이고, 재배하는 것은 약 2m이다. 어린잎은 생으로도 먹지만, 조금 성장한 잎은 쓴맛이 강하므로 데쳐서 물에 우려낸 다음 햇볕에 말려서 묵나물로 사용하면 맛이 일품이다. 한방과 민간요법에서는 뿌리와 풀 전체를 천식·만성기관지염 등에 처방한다.

미역취 Solidago virga-aurea var. asiatica

이용부위 잎. **이용방법** 무침, 묵나물. **채취시기** 4~6월. **채취장소** 볕이 잘 드는 풀밭. **분포** 전국. **전체크기** 35~85cm. **잎모양** 난형~긴 타원형, 길이 7~9cm, 폭 1~1.5cm. **생태** 다년생초.

어린잎을 살짝 데친 후 무쳐 먹는다. 조금 성숙한 잎은 뜨거운 물에 데친 후 햇볕에 말려 묵나물로 사용한다. 산나물이 대부분 그렇지만, 미역취는 특히 열량과 지방 함량은 낮고 비타민이 풍부하여 다이어트 시 섭취하면 위에 부담이 적고 부족한 비타민을 보충할 수 있어 좋다. 한방에서는 전체를 일지황화(一枝黃花)라는 약재로 쓰는데, 감기로 인한 두통과 인후염, 편도선염에 효과가 있다.

수리취 Synurus deltoides (Aiton) Nakai

이용부위 잎. **이용방법** 떡, 무침. **채취시기** 4~6월. **채취장소** 산비탈, 숲가나 초지. **분포** 전국. **전체크기** 40~100cm. **잎모양** 난형~긴 타원형, 길이 10~20cm, 폭 7~15cm. **생태** 다년생초.

국화과의 여러해살이풀로, 잎 뒷면에 하얀 솜털이 빽빽이 나 있다. 나물보다는 떡을 만들 때 함께 넣어 색과 향을 즐기기 때문에 '떡취' 라고도 부른다. 멥쌀가루에 수리취를 섞어 찐 수리취떡은 단오에 먹던 대표적인 세시음식이다. 그리고 옛적에 부싯돌을 칠 때 불똥이 박혀서 불이 붙도록 부싯돌에 대는 물건을 '부싯깃' 이라고 했는데, 이 부싯깃은 수리취나 쑥 잎을 불에 볶아 곱게 비벼서 만들었다.

서덜취 Saussurea grandifolia Maxim

이용부위 잎. **이용방법** 쌈, 무침. **채취시기** 4~6월. **채취장소** 깊은 산. **분포** 전국. **전체크기** 30~50cm. **잎모양** 난형~난상 삼각형, 근생엽은 길이 5~12cm, 갱생엽은 길이 10~15cm. **생태** 다년생초.

다년생초 산나물 중에서 드물게 생으로 먹을 수 있는 귀한 산나물 중 하나이다. 잎 뒷면은 흰빛을 띠고 잎자루에 털이 있으며, 잎 가장자리에 날카로운 침이 있고 잎장 끝이 길다. 어렸을 때 잎과 줄기를 채취하여 먹는다. 전국에 걸쳐 깊은 산의 습하고 비옥한 수림이나 계곡에 군생한다.

바위취 Saxifraga stolonifera

이용부위 잎. **이용방법** 튀김, 무침. **채취시기** 1년 내내. **채취장소** 평지의 습한 곳이나 바위 위. **분포** 전국. **전체크기** 20~50cm. **잎모양** 긴 무늬가 있고 원형이며, 손처럼 얕게 갈라져 있다. **생태** 다년생초.

아름다운 순백의 꽃은 정원수로, 잎은 튀김에 널리 이용되고 있다. 상처가 없고 부드러워 보이는 깨끗한 잎을 골라 뿌리가 뽑히지 않도록 살짝 꺾는다. 잎에 난 털 사이가 지저분한 것이 많으므로 잘 씻어서 사용한다. 날 잎에 얇게 옷을 입혀 중온의 기름에 시간을 가지고 튀기면 두꺼운 잎도 맛있게 튀겨진다. 잎은 1년 내내 무성하게 난다. 튀길 때 잎의 안쪽에만 얇게 옷을 입히면 잎의 모양을 그대로 즐길 수 있다.

바위떡풀 Saxifraga fortunei var. incisolobata

이용부위 잎. **이용방법** 튀김, 무침. **채취시기** 1년 내내. **분포** 전국. **채취장소** 산속의 습기 있는 바위 위, 계곡의 암벽. **전체크기** 10~30cm. **잎모양** 긴 무늬가 있고 콩팥모양이며, 끝이 5~7개로 얕게 갈라져 있다. **생태** 다년생초.

바위취와 같은 종류의 흰 꽃을 많이 피운다. 이것도 원예 분야에서 인기 있는 야초이다. 계곡의 물보라가 튈 만한 장소에 군생하고 있다. 채취 방법이나 먹는 방법은 바위취와 같으며, 잎이 두꺼워 시간을 가지고 튀겨내야 맛있다.

머위 Petasites japonicus

이용부위 꽃봉오리, 잎, 잎자루. **이용방법** 튀김, 무침, 조림, 장아찌. **채취시기** 3~4월(꽃봉오리), 5~8월(잎). **분포** 전국. **채취장소** 산지의 제방이나 초원, 산길. **전체크기** 약 60cm. **잎모양** 심장형, 지름 15~30cm. **생태** 다년생초, 자웅이수.

들판에 봄이 왔음을 알리는 산채 가운데 하나이다. 이른 봄에 잎보다 먼저 꽃줄기가 자라는데, 꽃 이삭은 커다란 포로 싸여 있다. 꽃이 진 후 자라는 잎과 자루는 나물로 식용한다. 약간 씁쓰레한 맛과 향으로 봄을 대동하는 머위 꽃대의 꽃봉오리를 비틀어 딴다. 어린것일수록 쓴맛이 없다. 구워서 된장에 찍어 먹으면 최고다. 잎은 공중에 떠 있다. 습지나 물가의 나무 그늘에서 자란 기다란 것이 부드러워서 좋다. 햇빛을 받는 쪽의 잎은 딱딱하다.

http://chamsali.tistory.c

멸가치 Adenocaulon himalaicum Edgew.

이용부위 어린잎. **이용방법** 데침. **채취시기** 4~7월. **채취장소** 숲속 음지. **분포** 전국. **전체크기** 높이 50~100cm. **잎모양** 삼각상 심장형이며 길이 7~13cm, 폭 11~22cm. **생태** 덩굴성 1년생초.

응달의 다소 습기가 있는 곳에서 자란다. 줄기는 곧게 서고, 짧은 뿌리줄기에서 1대의 원줄기가 나와 50~100cm로 자라고 가지가 갈라진다. 어린잎은 데쳐 나물로 식용하고, 민간에서는 전초를 진정제, 이뇨제 등의 약으로 쓴다.

고추냉이 Wasabia japonica

이용부위 잎, 줄기. **이용방법** 무침, 데침, 김치. **채취시기** 4~5월. **분포** 울릉도. **채취장소** 산속의 습지. **전체크기** 30~40cm. **잎모양** 마름모형이며 길이는 2~5cm. **생태** 다년생초.

고추냉이는 흐르는 맑은 물가나 옹달샘가 등 수질이 깨끗한 곳에서만 자생한다. 잎과 줄기에서 코끝을 찡하게 하는 매콤한 맛이 나며, 개체수가 적기 때문에 될 수 있으면 땅 아래 심겨 있는 뿌리는 그대로 남기고 땅 위에 있는 부분만 딴다. 줄기와 잎을 데칠 때 설탕 한 줌을 넣으면 매운맛이 더 강해진다. 봄에 포기째 김치를 담가 먹기도 한다.

산마늘 Allium victorialis ssp. platyphyllum

이용부위 어린잎. **이용방법** 무침, 데침, 국, 장아찌. **분포** 울릉도와 남부 · 중부 지방. **채취시기** 4~5월. **채취장소** 깊은 산의 습기가 있는 수풀 밑. **전체크기** 30~50cm. **잎모양** 긴 타원형. **생태** 다년생초

산마늘은 한 뿌리에서 잎이 2개씩만 나온다. 봄에 연한 잎을 생먹거나, 장아찌로 먹는다. 또한 부드럽고 두꺼운 잎은 살짝 데쳐서 어떤 요리에든 사용한다. 산에서 수행하는 스님들이 마늘 대용으로 먹었다 하여 '신선초'라고도 하고, 울릉도에서는 조선시대에 섬으로 이주해간 사람들이 식량 부족으로 굶어 죽게 되었을 때 산마늘을 먹고 수개월을 견디며 목숨을 부지했다고 해서 목숨, 즉 '명(命)' 을 뜻하는 '명이나물'이라고도 한다. 독성이 있는 박새·여로·은방울꽃과 잎이 비슷하므로 주의한다.

원추리 Hemerocallis fulva

이용부위 어린싹. **이용방법** 무침, 데침, 국거리. **채취시기** 3~5월. **채취장소** 산지. **분포** 전국.
전체크기 80~100cm. **잎모양** 칼모양. 길이 60~80cm, 폭 1.2~2.5cm. **생태** 다년생초.

10~15cm 정도 되는 어린순을 채취한다. 잎이 부채모양으로 핀 어린순을 손가락에 끼고 땅 속의 밑동에서부터 비틀어 딴다. 뿌리 쪽 하얀 부분이 파처럼 끈적이며, 된장으로 무치면 정말 맛있다. 생으로도 좋지만 살짝 데치면 단맛이 더 난다. 원추리는 미역처럼 굉장히 부드럽기 때문에 된장국을 끓여 먹어도 맛있다. 원추리는 꽃이 아름답기로 널리 알려진 산나물이기도 하다.

둥굴레 Polygonatum odoratum var. pluriflorum

이용부위 어린싹. **이용방법** 무침, 데침, 국거리. **채취시기** 4~5월. **채취장소** 산지. **분포** 전국. **전체크기** 30~80cm. **잎모양** 긴 타원형. 길이 5~10cm, 폭 2~5cm. **생태** 다년생초.

잎이 둥글게 둘러싸고 있는 굴림대의 어린 싹을 땅속의 흰 부분부터 잘라서 딴다. 혀에 느껴지는 매끄러운 감촉과 씹히는 느낌이 좋으며 단 맛이 있어서 맛있다. 잎에는 약간 쓴 맛이 있다. 줄기에는 6개의 모가 나 있고, 길이 2Cm 정도의 연녹색의 꽃이 핀다.

옥잠화 Hosta plantaginea (Lam.) Aschers.

이용부위 어린잎. **이용방법** 데침. **채취시기** 4~6월. **채취장소** 산지의 습한 곳, 물가. **분포** 전국. **전체크기** 높이 40~55cm. **잎모양** 난원형, 길이 15~22cm, 폭 10~17cm. 끝이 갑자기 뾰족해지고 8~9쌍의 맥이 있다. **생태** 다년생초.

굵은 뿌리줄기에서 잎이 많이 총생한다. 꽃줄기는 곧추서거나 비스듬하며, 길게 뻗은 꽃줄기 끝에 많은 꽃이 달린다. 꽃은 8~9월에 피고 흰색이며 향기가 있다. 6개의 꽃잎 밑부분은 서로 붙어 통 모양이 된다. 봄에 나는 연한 잎을 나물로 먹는다.

비비추 Hosta longipes (Franch. & Sav.) Matsum.

이용부위 어린잎. **이용방법** 데침. **채취시기** 4~6월. **채취장소** 산지의 냇가나 습한 곳. **분포** 전국. **전체크기** 높이 30~40cm. **잎모양** 타원상 난형, 길이 12~13cm, 폭 8~9cm로서 8~9개의 맥이 있다. **생태** 다년생초.

잎의 모양이 옥잠화와 비슷하여 혼동하기도 하지만 다른 종의 식물이다. 옥잠화는 비비추보다 꽃이 약간 크고 흰색이며, 비비추는 보라색의 꽃을 피운다. 산지의 냇가나 습기가 많은 곳에서 잘 자란다. 연한 잎을 식용하며, 관상용으로도 많이 심는다.

풀솜대 Smilacina japonica

이용부위 어린잎, 뿌리. **이용방법** 데침(어린잎), 무침(뿌리). **채취시기** 3~4월. **채취장소** 산지의 숲속. **분포** 전국. **전체크기** 높이 약 20~50cm. **잎모양** 긴 타원형, 5~7개가 두 줄로 배열되고 길이 6~15cm, 폭 2~5cm. **생태** 다년생초.

산지의 숲속에서 자란다. 뿌리줄기는 육질이고 옆으로 자라며, 끝에서 원줄기가 나와 비스듬히 20~50cm로 자라며 위로 올라갈수록 털이 많아진다. 어린잎을 나물로 먹는다. 옛적에는 기근이 들었을 때 뿌리가 구황식물로 요긴하게 쓰였다고 한다.

삽주 Atractylodes japonica

이용부위 어린싹. **이용방법** 데침, 무침. **분포** 전국. **채취시기** 4~6월. **채취장소** 산속의 초지. **전체크기** 30~100cm. **잎모양** 보통은 잎이 3갈래로 갈라져 있으며, 잎의 가장자리에 가시가 있다. **생태** 다년생초.

삽주는 약재로 쓰이는 뿌리(백출, 창출)가 더 유명하지만, 예부터 '산의 일미는 삽주'라 할 정도로 즐겨 먹었던 산나물이다. 이른 봄, 꽃을 감싸듯 물고기의 뼈처럼 생긴 꽃대가 올라온다. 특별한 특징은 없지만, 쓴맛이나 냄새가 없어서 먹기 쉽다. 부드러운 어린싹의 잎을 딴다. 어린 싹 주위에 작년에 피었던 꽃의 마른 꽃대가 남아 있으므로, 그것을 보고 채취하면 좋다. 초원이나 해가 잘 드는 수풀 등지에 군생한다.

도라지 Platycodon grandiflorum

이용부위 뿌리. **이용방법** 무침, 볶음, 장아찌. **채취시기** 제철은 7~8월, 연중 채취 가능. **채취장소** 산야의 풀밭. **분포** 전국. **전체크기** 높이 40~100cm. **잎모양** 난형 또는 피침형, 길이 4~7cm, 나비 1.5~4cm. 끝은 뾰족하며 가장자리에 예리한 톱니가 있다. **생태** 다년생초.

보통은 볶음, 무침 등으로 기관지에 좋은 도라지를 맛있게 먹을 수 있다. 고기와 함께 산적으로 하기도 하며, 고추장에 박아 장아찌를 만들기도 한다. 도라지의 지저분한 뿌리를 떼어내고 칼로 긁어서 껍질을 벗긴 뒤 물에 깨끗이 헹구어 낸 후 요리한다. 도라지의 사포닌 성분이 가래를 삭이고 혈당 강하 작용을 하며, 콜레스테롤을 낮춘다.

잔대 Adenophora triphylla var. japonica

이용부위 어린싹, 뿌리. **이용방법** 무침, 볶음, 구이. **채취시기** 3~4월(어린싹), 연중(뿌리). **채취장소** 산지. **분포** 전국. **전체크기** 40~120cm. **잎모양** 선형, 길이 10~12cm, 폭 2~3cm. 줄기에서 나온 잎은 3~5개가 돌려나고 가장자리에 톱니가 있다. **생태** 다년생초.

도라지와는 달리 그냥 생으로 씹어 먹어도 입 안에서 아리지 않고 맛이 달기 때문에 시골에서 배고픈 시절 구황식물로 많이 먹었다. 봄에 나오는 어린싹은 나물로 무치거나 볶아 먹으면 담백한 맛이 일품이다. 뿌리는 껍질을 벗겨 소금에 비벼 씻은 후 생채를 하거나, 더덕처럼 양념을 발라 구워 먹으면 좋다.

더덕 Codonopsis lanceolata

이용부위 어린잎, 덩굴 끝, 뿌리. **이용방법** 쌈, 무침, 데침(어린잎, 덩굴 끝), 구이, 전(뿌리). **채취시기** 5~6월. **분포** 전국. **채취장소** 산지의 습한 곳. **전체크기** 덩굴성. **잎모양** 긴 타원형 또는 긴 계란형. **생태** 다년생초.

더덕을 '산삼의 사촌'이라고도 한다. 향과 맛으로 입맛을 회복시켜주고, 식이섬유소와 무기질이 풍부하여 건강에 이롭다. 습기가 있는 숲이나 계곡에서 자란다. 줄기는 길이 2m 정도의 덩굴이 되며, 다른 풀에 휘감긴다. 꽃에는 보라색 무늬가 들어가 있어 예쁘다. 덩굴을 꺾으면 하얀 유액이 나오며, 특유의 더덕 향이 난다.

만삼 Codonopsis pilosula (Franch.) Nannf.

이용부위 어린 잎 · 줄기, 뿌리. **이용방법** 데침(어린 잎 · 줄기). 무침, 양념구이, 장아찌(뿌리). **채취시기** 4~6월(어린 잎 · 줄기), 연중(뿌리). **채취장소** 깊은 산속. **분포** 강원북부, 지리산 등. **전체크기** 높이 약 1~2m. **잎모양** 난상 타원형, 길이 1~5cm, 폭 1~3.5cm. **생태** 덩굴성 다년생초.

만삼은 더덕을 닮았다. 줄기와 뿌리에서 나는 냄새도 더덕과 같고, 잎 모양은 더덕을 닮았으나 더 작고 줄기가 더 무성하며, 뿌리는 더덕보다 더 길다. 높은 산 양지바른 산등성이나 골짜기에서 자란다. 덩굴줄기는 다른 물체에 감아 오른다. 전체에 털이 있고, 자르면 유액이 나온다. 덩굴 끝부분의 어린 잎과 줄기는 식용하고, 덩이뿌리는 식용·약용한다.

돼지감자 Helianthus tuberosus

이용부위 뿌리. **이용방법** 튀김, 데침, 절임. **채취시기** 11~3월. **분포** 전국. **채취장소** 황무지, 둑, 밭 주변. **전체크기** 약 2m. **잎모양** 긴 타원형. **생태** 다년생초.

군락을 이루어 자생하며, 가을에 사람 키보다 큰 줄기 끝에 꽃을 피운다. 꽃이 지면 땅속줄기의 끝이 부풀어 감자모양이 된다. 줄기가 마르고 나서 캐내면 아주 통통한 감자를 수확할 수 있다. 알뿌리의 껍질을 벗겨서 사용한다. 튀김 이외에는 뜨거운 물에 한 번 넣었다가 사용한다. 맛은 우엉과 비슷하다.

The Wild Greens of Korea

02 나무에 나는 나물

봄의 숲은 아름답다. 겨울 흔적이 남아 있는 가운데 나무 가지들이 일제히 싹을 틔운다. 두릅나무, 음나무, 다래나무 등의 싹들도 햇빛에 반짝이며 빛나고 있다. 가을에는 으름덩굴의 열매가 입을 벌린다. 언제 찾아가더라도 산나물이나 나무 열매를 만날 수 있다.

두릅 Aralia elata

이용부위 새싹. **이용방법** 데침, 무침, 김치. **분포** 전국. **채취시기** 4~5월. **채취장소** 양지바른 산기슭. **전체크기** 20~25cm. **잎모양** 난형, 가지 끝에 모여 사방으로 난다. 길이 10~15cm 정도 자랐을 때가 최상품이다. **생태** 낙엽관목.

새싹은 귀한 산나물로 여겨져 재배하기도 한다. 나무줄기에 날카로운 가시가 있다. 살짝 데쳐서 초고추장에 무치거나 찍어 먹으면 잃었던 입맛이 다시 살아난다. 데친 나물을 쇠고기와 함께 꿰어 두릅적을 만들거나 김치·튀김·샐러드로 만들어 먹는다. 오래 보관하기 위해 소금에 절이거나 얼리기도 한다.

음나무순 Kalopanax pictus

이용부위 새싹. **이용방법** 데침, 무침, 김치. **분포** 전국. **채취시기** 4~5월. **채취장소** 양지바른 산기슭. **전체크기** 높이 25m, 직경 1m. **잎모양** 난형 또는 타원형, 길이와 폭 각각 10~30cm. **생태** 낙엽관목.

가시가 다 자라면 워낙 굵기 때문에 어릴 때 채취해서 먹는다. 나무껍질도 백숙으로 이용되기 때문에, 요즘은 순과 나무껍질을 채취하기 위한 도벌로 훼손이 심하게 이루어지기도 한다. 두릅(참두릅)에 비해 쌉쌀한 맛과 향이 더 진하다. 먹는 방법은 두릅과 큰 차이는 없다. 살짝 데쳐서 초고추장에 무치거나 찍어 먹는다. 오래 보관하기 위해 소금에 절이거나 얼리기도 한다.

누리장나무 Clerodendron trichotomum

이용부위 어린 싹. **이용방법** 데침, 조림, 튀김. **채취시기** 4~5월. **분포** 전국. **채취장소** 산지의 둑, 산길, 수풀가. **전체크기** 3~5m. **잎모양** 삼각형 같은 하트 모양, 둥근 계란 모양. 가장자리는 매끄러운데, 드물게 삐쭉삐쭉한 것이 있다. **생태** 낙엽성교목.

이름처럼 가지나 잎에 상처가 나면 불쾌한 냄새가 난다. 볕이 잘 드는 장소에서 잘 자란다. 냄새와 쓴맛을 제거하기 위해 데쳐서 물에 잘 담가둔다. 꽃이 피면, 싹을 꺾을 때 났던 불쾌한 냄새가 변한 것이라고는 상상도 할 수 없을 정도로 달콤한 향이 감돈다. 꽃이 피는 장소를 기억해 두었다가 이듬해 봄에 어린싹을 채취한다

구기자 Lycium chinense

이용부위 어린싹, 다 자란 잎, 열매. **이용방법** 데침, 구기자 밥(어린싹). 차(다 자란 잎). 과실주(열매). **채취시기** 4~5월(어린싹), 여름(다 자란 잎), 10~12월(열매). **분포** 전국. **채취장소** 산지의 물가나 둑. **전체크기** 1~2m **잎모양** 피침형. **생태** 낙엽성관목.

혈압 강하나 강장에 좋은 약초로 유명하다. 뿌리 밑동에서 줄기가 몇 개나 나며, 가지를 활 모양으로 드리우며 뻗는다. 기세 좋게 뻗은 줄기 끝의 부드러운 부분에 난 어린싹을 뜯어낸다. 날것인 경우는 냄새가 나지만, 데치면 향이 좋아진다. 구기자 밥은 어린싹을 소금물에 담가두었다가 잘게 썰어 소금 맛으로 간을 한 밥에 섞는다. 붉게 익은 열매는 3개월 정도 초에 절여서 약용주로 사용한다.

고추나무 *Staphylea bumalda*

이용부위 잎 싹과 꽃 싹. **이용방법** 무침, 데침, 튀김, 나물밥. **채취시기** 4~6월. **분포** 전국. **채취장소** 산기슭, 골짜기. **전체크기** 3~5m. **잎모양** 3장의 겹잎. 소엽은 긴 타원형이며 가장자리가 삐쭉삐쭉하다. **생태** 낙엽성관목.

산속 개울가나 잡목림을 따라가면 발견할 수 있다. 잘 갈라진, 3장씩 난 잎을 보면 찾을 수 있는데, 꽃이 피어 있으면 더욱 찾기 쉽다. 꽃은 길이가 8mm 정도밖에 안 되며 하얗다. 아래로 드리우며 어린 가지 끝에 많이 핀다. 잎이 다 자라지 않은 싹이나 어린 꽃을 부드러운 줄기째로 딴다. 길게 뻗은 줄기는 딱딱하다. 쓴맛이나 냄새가 없고, 맛이 좋으며 먹기 쉽다. 진딧물이 있는 경우가 많으므로, 요리를 하기 전에 확인한다.

참빗살나무 Euonymus sieboldianus

이용부위 새싹, 어린잎. **이용방법** 무침, 데침, 조림, 나물밥. **채취시기** 4~5월. **분포** 전국. **채취장소** 산야. **전체크기** 3~5m. **잎모양** 타원형 또는 피침형이며 가장자리가 삐쭉삐쭉하다. **생태** 낙엽성교목.

감칠맛 나는 최고급 나물이 되는 나무 싹이다. 파릇한 녹색과 붉은 잎이 아름답다. 분재, 정원수로도 사랑받는다. 재질에 탄력성이 있어 예전에는 활로도 사용했었다. 평지, 산속 잡목림이나 들판에서 자라고 있다. 열매가 맺힐 무렵 나무를 봐 두었다가 봄에 채취하는 것이 좋다. 쓴맛이 있으므로 소금물에 데쳐서 헹군다. 만추까지 새빨간 열매를 주렁주렁 달고 있다. 잎은 먹을 수 있지만, 열매는 독성이 있으므로 먹을 수 없다.

아카시아 Robinia pseudo-acacia

이용부위 어린싹, 꽃봉오리, 꽃. **이용방법** 튀김, 조림(꽃, 꽃봉오리). 조림, 데침.(어린싹). **채취시기** 4~5월. **분포** 전국. **채취장소** 산길, 들판, 숲. **전체크기** 10~30cm. **잎모양** 3~9대의 소엽이 새털 모양의 겹잎이 된다. 소엽은 타원형. **생태** 낙엽성교목.

꽃의 향을 즐기는 산나물이다. 튼튼하고 계속 늘어나고 있기 때문에 마음껏 채취할 수 있다. 1/2정도 핀 꽃을 통째로 딴다. 만개하면 향이 떨어진다. 꽃받침을 통째로 튀기거나 꽃만 살짝 데쳐서 사용한다. 어린싹도 꽃과 같은 방법으로 이용한다. 꽃은 흰 나비 모양으로 피면 좋은 향이 퍼진다.

으름 Akebia quinata

이용부위 어린 싹, 열매. **이용방법** 무침, 조림, 튀김(어린싹), 생식(열매 속), 조림(열매 껍질). **채취시기** 4~6월(어린 싹). 9~10월(열매). **분포** 전국. **채취장소** 산야의 잡목림. **전체크기** 덩굴성. **잎모양** 5장의 소엽이 손 모양의 겹잎이 된다. **생태** 낙엽덩굴.

가을의 잡목림에서 터지기 전후의 열매를 발견했다면 씨를 뱉어가면서 젤리 상태의 하얀 알맹이를 먹어본다. 단맛과 향이 퍼진다. 봄에는 10~15cm로 뻗은 어린싹을 자연스럽게 뚝 부러지는 부분까지 채취한 후 데치고 나서 요리한다. 쓴맛이 강할 때에는 데친 후에 물에 헹군다. 열매의 껍질과 어린싹의 쓴맛이 장점이며, 껍질은 간장조림이 어울린다.

청미래덩굴 Smilax china

이용부위 덩굴에서 자란 어린싹. **이용방법** 데침, 무침, 튀김. **채취시기** 4~6월. **분포** 전국. **채취장소** 구릉이나 산지수풀 주변. **전체크기** 덩굴성. **잎모양** 원형 또는 타원형. **생태** 다년생초

줄기에 장미 같은 가시가 있으며, 얽히면서 무성하게 자란다. 덩굴의 마디에서 자란 어린싹을 딴다. 쓴맛이 아주 강하므로 데쳐서 물에 잘 헹군 후 사용한다. 쓴맛이 남아 있으면 혀가 얼얼할 정도다. 가시는 작아도 찔리면 아프므로, 채취할 때 목장갑을 준비한다.

노박덩굴 Celastrus orbiculatus

이용부위 어린잎. **이용방법** 데침, 즙. **채취시기** 4~7월. **채취장소** 산과 들의 숲속. **분포** 전국 산야의 해발 100~130m에 분포한다. **전체크기** 높이 약 10m. **잎모양** 잎은 타원형이며 잎의 끝이 점차로 뾰족해진다. 길이는 5~10cm, 폭은 3~8cm로서 가장자리에 둔한 톱니가 있다. **생태** 낙엽만경목.

봄철에 노란풀색의 작은 꽃이 피고, 겨울에 숲이나 돌담 등에 덩굴이 뻗어 올라가 마치 아름답게 꽃이 핀 것처럼 노란 껍질이 벌어진 곳에 빨간 열매를 품고 있다. 노박덩굴 열매는 보기에도 아름다워 분재로도 많이 사용한다. 봄에 어린잎을 나물로 먹는다. 종자는 기름을 짜며 나무껍질로는 섬유를 뽑는다.

다래순 Actinidia arguta.

이용부위 어린순. **이용방법** 데침. **채취시기** 3~5월. **채취장소** 산과 들의 숲속. **분포** 전국. **전체크기** 높이 약 20m. **잎모양** 난형 또는 타원형이며 길이 6~12cm, 폭 3.5~7cm. **생태** 낙엽활엽만경목.

다래나무의 어린순을 말하는데, 봄이 되면 다래순이 하늘로 쑥쑥 올라간다. 이 어린순을 따서 끓는 물에 데친 후, 햇살에 말렸다가 충분히 불려서 나물로 무쳐 먹는다. 다래순에는 식이섬유소가 풍부하여 변비를 예방하고, 봄에 먹는 다래순은 입맛을 회복시켜준다. 가을에 익는 열매의 맛도 일품이다.

미역줄나무 Tripterygium regelii Sprague & Takeda

이용부위 어린잎. **이용방법** 데침. **채취시기** 3~4월. **채취장소** 산기슭, 골짜기, 숲속. **분포** 전국. **전체크기** 덩굴성, 줄기의 길이 약 2m. **잎모양** 넓은 난형 또는 타원형, 길이 5~15cm, 나비 4~10cm. **생태** 낙엽활엽만경목.

산이나 숲가에 덩굴을 이루고 있는 다래나무와 미역줄나무는 잎만 얼핏보면 비슷하다. 하지만 다래나무는 잎이 좀 더 두껍고 윤기와 탄력이 있는 반면 미역줄 나무 잎은 좀 얇고, 뒷면 잎맥에 털이 있으며 거칠다. 그리고 미역줄나무는 가지가 적갈색이며, 혹 모양의 돌기가 빽빽이 나고 5개의 모가 난 줄이 있다. 어린잎을 데쳐서 나물로 먹고, 나무는 땔감용으로 사용한다.

갈퀴나물 Vicia amoena Fisch

이용부위 덩굴손, 어린잎. **이용방법** 데침, 무침. **채취시기** 4~5월. **채취장소** 습한 풀밭, 관목림. **분포** 전국. **전체크기** 덩굴성. **잎모양** 우상복엽으로 짧은 엽병이 있고 엽축 끝에는 2~3개로 갈라진 덩굴손이 있다. **생태** 다년생초.

땅속줄기를 벋어 덩굴손으로 다른 물체를 감으면서 자란다. 주렁주렁 보라색 꽃이 탐스럽게 달릴 때는 옆에만 지나가도 향긋한 향기가 코를 자극한다. 어린순을 나물로 만들어 먹는다. 한방에서는 류머티즘 동통, 관절통, 근육마비, 종기의 독, 음낭습진 등의 치료에 사용한다.

피마자 Ricinus communis L.

이용부위 잎. **이용방법** 데침. **채취시기** 5~9월. **채취장소** 인가 주변. **분포** 전국. **전체크기** 약 2m. **잎모양** 방패형으로 지름 30~100cm까지 자라며, 끝이 5~11개로 갈라진다. **생태** 1년생초.

종자에서 짜낸 기름은 피마유 또는 피마자유라고 한다. 종자는 종기 초기, 옴, 버짐, 악창, 경부림프절염에 약효가 있는데, 짓찧어 환부에 붙인다. 피마자유는 한번에 15~30㎖씩 마시면 변비에 효력이 신속하나, 독성이 강하여 함부로 사용할 수 없다. 억세지 않은 잎을 데쳐서 찬물에 헹구고 말렸다가 묵나물로 먹는다. 피마자잎은 각기, 음낭이 붓고 아픈 데, 가래가 있어 기침하는 데 효능이 있다.

참죽나무 Cedrela sinensis Juss.

이용부위 어린잎. **이용방법** 장아찌, 부각, 조림, 무침. **채취시기** 4~5월. **채취장소** 인가 주변. **분포** 남부지방. **전체크기** 10~20m. **잎모양** 피침형 또는 긴 타원형. 복엽 전체는 길이가 약 60cm, 소엽은 길이 8~15cm, 폭 1~2cm. **생태** 낙엽활엽교목.

붉은빛이 도는 참죽나무의 어린잎은 스님들이 최고로 치는 나물이라고 해서 진승목(眞僧木)이라고도 한다. 반면에 참죽나무와 잎모양이 아주 비슷한 가죽나무는 나뭇잎의 뒷면에 선점이라고 하여 피부에 나는 사마귀처럼 불록한 것이 있는데 이곳에서 누린내를 풍기고 있어 나물로 먹기엔 무리가 있다. 그래서 가승목(假僧木)이라고도 한다. 또한 경상도 지방에서는 참죽나무를 가죽나무라 부르고, 진짜 가죽나무는 개가죽나무라고 한다. 그래서 이름을 혼동하는 경우가 많다.

죽순 bamboo sprout

이용부위 어린싹(죽순). **이용방법** 죽순밥, 죽순채, 죽순탕, 죽순정과. **채취시기** 연중. **분포** 경기이남. **채취장소** 산 경사면의 대나무밭. **전체크기** 1~3m. **잎모양** 긴 타원형의 피침형. **생태** 상록형 다년생목.

죽순은 대나무류의 땅속줄기에서 돋아나는 어리고 연한 싹이다. 성장한 대나무에서 볼 수 있는 형질을 다 갖추고 있다. 죽순은 떫은맛이 많이 나므로, 먼저 겉껍질을 벗겨내고 깨끗이 씻어서 30분 정도 삶은 후 용도에 맞게 썰어 사용한다. 시간이 지나면 딱딱해지고 쓴맛도 강해지므로, 미리 사전 조리를 해두어야 한다.

The Wild Greens of Korea

03

물가에 나는 나물

연못이나 강가는 맛 좋은 산나물의 보고이다.

맑은 물이 흘러 떨어지는 계곡 가에는 먹을 수 있는

산나물이 빽빽하게 우거져 있다.

미나리 *Oenanthe javanica*

이용부위 어린 싹, 어린 잎 · 줄기. **이용방법** 무침, 데침. **채취시기** 3~5월. **분포** 전국. **채취장소** 개울가, 습지. **전체크기** 20~50cm. **잎모양** 새털 모양의 겹잎이 1~2회 3개 나온다. 소엽은 계란 모양으로 가장자리가 삐쭉삐쭉하다. **생태** 다년생초.

독특한 향과 씹히는 느낌이 좋아 봄나물 중에서는 가장 맛있는 나물이다. 작은 개울이나 밭두렁 등, 우리 주변의 물가에서 자란다. 부드러운 잎이나 싹이 나는 봄이 제철이다. 미나리를 제대로 맛보려면 무침이 최고다. 데칠 때는 향을 잃어버리지 않도록 너무 오래 데치지 않는다. 독미나리에는 맹독 성분이 있으므로 주의해야 한다.

물냉이 Nasturtium officinale

이용부위 어린싹, 잎, 줄기. **이용방법** 무침, 데침, 조림. **채취시기** 연중. **분포** 전국. **채취장소** 산야의 깨끗한 물이 흐르는 곳, 작은 하천. **전체크기** 10~30cm. **잎모양** 1~5대의 소엽이 깃털 모양이 된다. 소엽은 넓은 계란모양. **생태** 다년생초.

매운맛이 있다. 고기 요리에 곁들여 먹으면 궁합이 딱이다. 유럽에서 들여온 것이 야생화 하여, 각지의 맑은 물속에서 진녹색의 잎을 왕성하게 퍼뜨리고 있다. 4~5월의 어린싹이 제맛이지만, 조금씩 조금씩 줄기가 나오기 때문에 거의 1년 내내 수확할 수 있다. 날로 먹는 것은 물론 살짝 데쳐서 요리해도 된다. 하지만 꽃이 피는 시기에는 벌레의 알이 붙어 있는 경우가 많아 잎을 채취하는 것은 피하는 편이 좋다.

황새냉이 Cardamine flexuosa

이용부위 어린잎, 어린줄기, 꽃봉오리. **이용방법** 무침, 데침. **채취시기** 3~5월. **분포** 전국. **채취장소** 논두렁, 물가의 습지. **전체크기** 10~30cm. **잎모양** 1~8대의 소엽이 깃털 모양이 된다. 소엽은 긴 타원형 또는 원형이다. **생태** 2년생초.

이른 봄, 볍씨를 물에 담가 못자리에 파종할 무렵, 논두렁 한쪽에서 피어난다. 꽃이 피기 전의 로제트 모양으로 퍼진 잎이나 뻗은 줄기 끝의 부드러운 부분을 딴다. 봄이 살짝 느껴지는 매운맛과 쓴맛이 있다. 꽃봉오리가 달린 줄기 끝도 요리할 수 있다.

여뀌 Persicaria hydropiper

이용부위 어린 잎 · 줄기. **이용방법** 데침. **채취시기** 4~7월. **채취장소** 습지 또는 냇가. **분포** 전국. **전체크기** 높이 40~80cm. **잎모양** 피침형이고 양끝이 좁으며 가장자리가 밋밋하고 길이 3~12cm, 폭 1~3cm. **생태** 1년생초.

습지 또는 냇가에서 자란다. 봄~여름에 연한 잎과 줄기를 데쳐 나물로 먹는다. 잎은 매운맛이 있으며, 일본에서는 싹이 튼 여뀌를 생선요리에 쓴다. 여뀌는 지혈작용이 있어서 잎과 줄기는 항균작용이 뛰어나며, 혈압을 내려주고 소장과 자궁의 긴장도를 강화시킨다.

고마리 Persicaria thunbergii

이용부위 어린잎. **이용방법** 데침, 무침. **채취시기** 4~6월. **채취장소** 도랑, 산지의 물가. **분포** 전국. **전체크기** 덩굴성, 약 1m. **잎모양** 창검모양, 길이 4~57cm, 폭 3~57cm이고 표면에는 누운 털이 성글게 있다. **생태** 1년생초.

양지바른 곳에 흐르는 도랑이나 물가에서 자란다. 8~9월이 되면 개울을 완전히 덮어버릴 듯이 고마리꽃이 피어난다. 어린잎을 나물로 식용한다. 민간에서는 줄기와 다 자란 잎을 지혈제로도 쓴다.

줄 Zizania latifolia

이용부위 어린줄기. **이용방법** 데침, 무침, 조림. **채취시기** 5~6월. **분포** 전국. **채취장소** 연못가, 늪가, 강가. **전체크기** 1~3m. **잎모양** 선형이며 길이 50~100cm, 폭 2~3cm. **생태** 다년생초.

북아메리카에서는 이 종류의 씨를 '와일드라이스(Wildrice)' 라고 부르며 먹는다. 봄에 나는, 가늘고 작은 죽순 같은 어린줄기를 먹는다. 쓴맛도 냄새도 없으며 단맛이 나서 맛있다. 물가에 군생하고, 껍질이 두꺼운 지하줄기를 땅속에서 옆으로 퍼뜨리며 군락을 만들어간다.

소귀나물 Sagittaria trifolia var. sinensis

이용부위 알줄기. **이용방법** 데침, 무침, 조림. **채취시기** 가을~겨울. **분포** 중부지방. **채취장소** 연못가, 늪가, 강가. **전체크기** 50~70cm. **잎모양** 둥근 화살모양. **생태** 다년생초.

자고(慈姑)라고도 한다. 물속에서 자란다. 중국 원산이며, 땅속줄기가 옆으로 벋으며 끝에 알줄기가 달린다. 잎자루는 전부 뿌리에서 나오며, 잎자루 끝에 화살형의 잎이 달린다. 잎 사이에서 긴 꽃줄기가 자라서 많은 꽃이 층층으로 달린다. 뿌리 끝에 달리는 알줄기를 채취한다. 알줄기를 식용 또는 약용으로 하며, 관상용으로도 심는다. 알줄기의 껍질을 벗겨서 요리한다.

벗풀 Sagittaria trifolia

이용부위 알줄기. **이용방법** 데침, 무침, 조림. **채취시기** 가을~겨울. **분포** 중부지방. **채취장소** 연못가, 늪가, 강가. **전체크기** 20~80cm. **잎모양** 화살모양. **생태** 다년생초.

소귀나물의 원종으로 벗풀 역시 가을엔 땅속에 가지를 뻗어 그 끝에 알줄기를 만든다. 알줄기의 껍질을 벗겨서 요리한다. 벗풀의 변종인 소귀나물보다 훨씬 작지만 맛있다. 그리고 같은 종류 중에서 땅속에 뻗은 가지가 없는 보풀과 잎이 비슷하다. 벗풀의 잎은 굵고 끝이 뾰족하며, 두 갈래로 나눠진 아래쪽 잎이 한 갈래로 뻗은 위쪽 잎보다 길다. 잎 모양이 비슷한 보풀은 한방에서는 강장제·이뇨제·지사제 등의 약제로 쓰이지만 유독식물이다.

마름 *Trapa japonica*

이용부위 열매. **이용방법** 소금물로 데침. **채취시기** 9~10월. **분포** 전국. **채취장소** 연못이나 늪. **전체크기** 수심에 따라 다르다. **잎모양** 넓은 마름모꼴이며 가장자리가 톱니모양이다. **생태** 1년생초.

연못에서 볼 수 있다. 뿌리는 땅에 박고, 가는 줄기는 물 위로 나와 마름모꼴 비슷한 삼각형 잎이 모여 물 위에 뜬다. 가을, 가까운 물가의 수면에 떠 있는 잎을 끌어당겨 뒤집으면 울퉁불퉁한 마름모 모양의 딱딱한 열매가 달려 있다. 약한 소금물로 데치면 밤 같은 맛이 난다. 껍질을 벗겨서 크림색 알맹이를 먹는다. 어린 열매는 날것으로도 먹을 수 있다.

순채 Brasenia schreberi

이용부위 어린싹, 어린줄기. **이용방법** 무침, 데침. **채취시기** 5~9월. **분포** 전국. **채취장소** 물 밑에 유기질이 많은 오래된 연못이나 늪. **전체크기** 수초. **잎모양** 타원형. **생태** 다년생초.

투명한 점액에 싸인 어린잎이나 줄기를 맛본다. 초여름의 고급 식재료다. 생육지가 감소되어 지금은 자유롭게 채취할 수 있는 연못이나 늪이 없어지고 있는 상황이다. 먼지 등 이물질을 제거하고 살짝 끓인다. 씹을 때 느껴지는 포동포동한 감촉과 매끄럽게 넘어가는 맛을 즐길 수 있다. 물 밑의 진흙 안에 뿌리줄기를 뻗어 수면에 직경 10cm 정도의 잎을 띄운다. 잎 사이의 새싹과 어린줄기를 채취한다.

연잎 Nelumbo nucifera Gaertn.

이용부위 잎. **이용방법** 다른 음식과 함께 조리. **채취시기** 여름~가을. **채취장소** 연못. **분포** 전국. **전체크기** 높이 약 1m. **잎모양** 물 위에 높이 솟고 둥근 방패모양이며 엽맥이 사방으로 퍼지며, 지름 40cm. **생태** 다년생초.

연은 항균작용을 있어 연잎으로 음식을 싸거나 같이 조리하면 음식이 잘 상하지 않는 특징이 있으며, 혈압을 안정적으로 낮춰줘 고혈압이거나 스트레스를 많이 받는 사람에게 좋은 음식이다. 또 사찰음식인 '연잎밥'은 마음을 편안하게 해주고 오장을 다스려준다. 어린잎보다는 다 자란 잎으로 조리를 해야 더 효능이 있다.

The Wild Greens

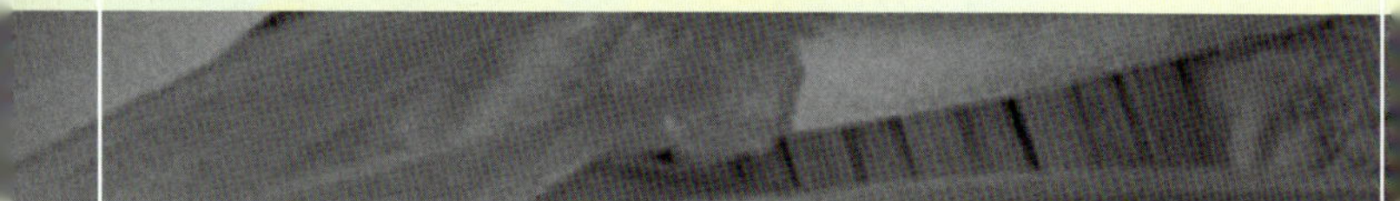

# of Korea

04

바닷가에 나는 나물

해풍이나 강한

햇살이 비치는 해변의 야초는 잎이 두껍고

광택이 있는 것이 많으며, 다른 환경에 비하면

먹을 수 있는 것이 적다. 그런 가운데에서도

갯방풍, 수송나물, 갯무 등 예부터

친숙했던 나물들이 모래사장에서

잎을 뻗으며 자라고 있다.

갯방풍 Glehnia littoralis

이용부위 어린잎, 줄기. **이용방법** 무침, 데침. **채취시기** 3~6월. **분포** 전국. **채취장소** 해안의 모래땅. **전체크기** 30~50cm. **잎모양** 깃털 모양의 겹잎이 2회 3개 나오며, 소엽이나 갈라진 부분은 넓고 끝이 둥글며 삐쭉삐쭉하다. **생태** 다년생초.

미나리과 특유의 향이 있으며, 생선회에 곁들이는 야채로 많이 사용되었다. 해안의 모래에 덮여 자라고 있는데, 두껍고 윤이 나는 잎을 모래사장에 퍼뜨리고 있다. 꽃이 피기 전의 부드러운 잎이나 어린싹을 모래 속에 묻혀 있는 줄기 부분에서부터 채취한다. 땅 위에 나와 있는 줄기는 빨갛고, 모래에 묻혀 있는 부분은 하얗다. 데친 후 물에 헹궈서 요리한다.

번행초 Tetragonia tetragonoides

이용부위 어린싹, 자라난 줄기의 끝. **이용방법** 무침, 튀김, 조림. **채취시기** 거의 1년 내내. **분포** 전국. **채취장소** 해안의 모래사장. **전체크기** 40~60cm. **잎모양** 두꺼운 삼각형 모양. **생태** 다년생초

모래사장 같은 사질토에 군생하고, 바위나 어촌의 돌담 사이에도 자란다. 줄기나 잎에 가는 돌기가 있으며, 그것이 햇빛을 받으면 반짝반짝 빛난다. 거의 1년 내내 채취할 수 있는데, 역시 맛있는 것은 봄의 부드러운 어린싹이다. 데쳐서 물에 헹궈 시금치와 같은 감각으로 요리한다.

수송나물 Salsola komarovii

이용부위 어린줄기, 잎. **이용방법** 데침, 무침, 조림. **채취시기** 4~6월. **분포** 전국. **채취장소** 해안의 모래사장. **전체크기** 10~40cm. **잎모양** 두꺼운 바늘 모양. **생태** 1년생초

해조류인 톳과 모양이 비슷하다. 물보라가 닿을 정도의 모래사장에까지 무리지어 자라나며, 뿌리 밑동에서부터 가지를 내어 소나무 잎 같은 줄기 잎을 퍼뜨린다. 부드러운 줄기와 잎을 딴다. 살짝 데쳐서 쓴맛과 사각사각 씹히는 맛을 즐길 수 있다. 어린 것은 부드럽고 연하지만 자라면 굳어져서 잎 끝이 가시처럼 되어 따끔할 정도로 살을 찌른다. 영양이 풍부하고 온갖 염증과 비만증에 효과가 있다.

갯무 Raphanus sativus var. raphanistroides

이용부위 어린잎, 뿌리. **이용방법** 겉절이, 데침, 나물밥(잎). 겉절이, 갈아서 양념(뿌리). **채취시기** 11~3월. **분포** 전국. **채취장소** 해안의 모래 땅. **전체크기** 30~70cm. **잎모양** 깃털 모양. **생태** 2년생초.

무의 원조로 남아 있던 것이거나 재배무가 야생화한 것으로, 뿌리가 무보다 가늘고 딱딱하며 잎도 더 작다. 무와 비교하면 매운맛과 향이 강하고 야생미가 있다. 잎과 뿌리가 아삭아삭 씹히는 맛이 있다. 방사형으로 넓은 잎을 다발로 묶어서 뿌리째 잡아 뽑는다. 밭에서 자라는 무와 마찬가지로 꽃줄기가 서면 잎이 단단해지고, 뿌리에 바람이 든다.

The Wild Greens of Korea

05

반드시 알아야 할 독초들

산나물이나 나무 열매를 채취하는 것은 아주 즐거운 일이다.
그러나 독초에 대한 지식을 함께 가지고 있지 않으면 기쁨이
비극으로 바뀌어 버리는 경우도 있을 수 있다.
비슷한 식물이라도 핵심을 알고 잘 관찰해둔다면
구분하는 것이 별로 어렵지는 않다.

보풀 Sagittaria aginashi Makino

비슷한 산나물 벗풀, 소귀나물. **독이 있는 부위** 전체. **독성분** 시크톡신, 싱크틴 등. **착각하기 쉬운 시기** 연중.

연못이나 습지에서 자란다. 높이 80cm 내외 크기로 자란다. 뿌리줄기는 짧고 옆으로 뻗는 가지가 없으며 가을에 잎겨드랑이에 알줄기가 생긴다. 잎은 잎자루가 길고 화살 모양으로 윗부분이 보다 길며 가장자리가 밋밋한 바소꼴 또는 줄 모양이고, 잎 끝이 뾰족하고 뒷면에 잎맥이 튀어 나와 있다.

쇠귀나물, 보풀, 벗풀의 비교 : 소귀나물(좌상), 보풀(좌하), 벗풀(상 · 하). 소귀나물은 잎의 각이 90~150도 사이이며 알줄기가 있다. 벗풀은 잎의 각이 90도보다 작고 알줄기가 있다. 보풀은 잎의 폭이 제일 작고 날렵하며 알줄기가 없다.

독미나리 Cicuta virosa

비슷한 산나물 미나리. **독이 있는 부위** 전체(특히 뿌리에 많다). **독성분** 시크톡신, 싱크틴 등. **착각하기 쉬운 시기** 봄, 잎을 딸 무렵.

잎이 미나리와 비슷하며, 특히 어린 잎은 착각하기 쉽다. 미나리와 같이 자라고 있는 경우도 많아 잘못 채취하기 쉬우므로 주의한다. 큰 차이는 독미나리는 마디를 축소시킨 청죽 같은 굵은 뿌리줄기가 있다는 것. 불안하면 뿌리 밑동을 잡고 확인하면 된다. 먹으면 구토, 복통, 신경착란, 호흡곤란 후 사망한다. 굵은 대나무 모양의 뿌리줄기는 미나리에는 없다.

박새 Veratrum grandiflorum

비슷한 산나물 원추리, 산마늘의 어린싹 **독이 있는 부위** 전체. **독성분** 듈빈 **착각하기 쉬운 시기** 봄, 새싹이 돋을 무렵.

어린싹의 모습과 생육 환경이 인기 산나물인 산마늘과 비슷해서 잘못 먹는 사고가 많이 일어난다. 산마늘은 잎 꼭지가 있는 데 비해, 박새는 잎 꼭지가 없으며, 잎맥이 잎이 달린 뿌리에서부터 평행으로 뻗는다. 잘못 먹으면 구토, 팔다리 저림 등이 생기며, 많이 먹으면 혈압강하로 사망에 이른다.

여로 Veratrum stamineum

비슷한 산나물 원추리, 산마늘의 어린싹. **독이 있는 부위** 전체. **독성분** 듈빈. **착각하기 쉬운 시기** 새싹이 돋을 무렵.

박새처럼 어린싹이 옥잠화류와 비슷하다. 박새와 비교해서 높은 산에 살기 때문에 잘못 먹을 기회는 적지만, 위험한 것은 마찬가지다. 보고 구분하는 법이나 독에 의한 증상은 박새와 같다. 꽃은 하얗고, 박새에 비해 이삭이 탐스럽다. 꽃이 없으면 박새와 구별하기 어렵다.

은방울꽃 Convallaria keiskei

비슷한 산나물 산마늘의 어린싹. **독이 있는 부위** 전체. **독성분** 콤바라톡신 등. **착각하기 쉬운 시기** 새싹이 돋을 무렵.

고랭지나 고원에 군락을 이루며 자란다. 귀여운 꽃과 향으로 사랑받고 있지만 독초이다. 어린싹의 모습과 잎이 산마늘과 착각하기 쉽다. 잘못 먹으면 심부전증을 일으켜 사망에까지 이른다. 뿌리가 강심제나 이뇨제로 사용되지만, 일반인이 취급하는 것은 위험하다.

동의나물 Caltha palustris L. var. palustris

비슷한 산나물 곰취, 곤달비. **독이 있는 부위** 전체. **독성분** 사포닌 등. **착각하기 쉬운 시기** 새싹이 돋을 무렵.

습지에서 자란다. 흰색의 굵은 뿌리에서 잎이 뭉쳐난다. 잎은 심장모양의 원형 또는 달걀모양의 심원형이다. 한방에서는 동의나물 전초를 마제초(馬蹄草)

라 하여 가래가 많이 끓는 증상 등에 쓰지만, 일반인은 삼가야 한다. 이름에 '나물'이 붙었지만 독성식물인 동의나물을 섭취하면 구토와 복통·어지럼증이 나타나고, 맥박이 느려지며 혈압이 떨어진다. 이런 증상은 2~3일간 지속될 수 있다.

애기똥풀 Chelidonium majus var. asiaticum

비슷한 산나물 특별히 없다. **독이 있는 부위** 전체. **독성분** 케리돈닌, 산귀날린 등. **착각하기 쉬운 시기** 봄, 잎이 필 무렵.

해가 드는 곳이면 어디든지 잘 자라는 친숙한 잡초. 잎이나 줄기에 상처를 내면 노란색 즙이 흘러나오는데, 그것이 피부에 닿으면 옻이 옮는다. 예전에는 이 즙을 피부병의 치료약으로 사용하기도 했지만, 일반인이 그대로 약으로 이용하는 것은 위험하다. 어린싹을 만나면 전체가 부드러워서 먹을 수 있을 것처럼 보인다. 상처를 내보면 노란색 즙이 나오는 것으로 구분하면 된다.

왜젓가락나물 Ranunculus quelpaertensis

비슷한 산나물 미나리의 어린싹, 어린잎. **독이 있는 부위** 전체. **독성분** 프로토아네모닌. **착각하기 쉬운 시기** 봄, 잎이 필 무렵.

경기이남의 논이나 밭두렁 등에 많다. 다른 산나물에 섞어서 채취하는 일이 있다. 특히 미나리와 함께 자라는 경우가 있는데, 어린 싹의 모습이 비슷하므로 주의하도록 한다. 채취할 때 나는 냄새가 미나리와 다르다. 풀에서 나는 즙이 피부에 닿으면 염증이나 물집이 생기며 잘못 먹으면 입안이나 위장이 짓무르며 혈변을 누게 된다.

숫잔대 Lobelia sessilifolia

비슷한 산나물 특별히 없다. **독이 있는 부위** 전체. **독성분** 로벨린(Lobeline). **착각하기 쉬운 시기** 새싹이 돋을 무렵.

연못이나 늪 등 물기가 많은 곳에서 멋진 풍경을 연출하며 군생하고 있다.

독성이 강해서 잘못 먹으면 설사, 구토, 탈진, 혈압강하를 일으켜 죽음에 이르는 경우도 있다. 잎은 버드나무 잎처럼 가늘고 꼭지가 없으며 호생한다. 줄기 위에 이삭을 내어 꽃을 피운다. 꽃은 입술 모양이며 길이는 약 3mm. 진보라색으로 아름답다.

미치광이풀 Scopolia japonica

비슷한 산나물 특별히 없다. **독이 있는 부위** 전체(특히 뿌리). **독성분** 아트로핀, 히오스티아민 등. **착각하기 쉬운 시기** 새싹이 돋을 무렵.

산지의 습한 숲속 그늘 등에 많다. 먹으면 발버둥을 치며 괴로워하다가 여기저기 뛰어다닌다. 죽음에 이르는 경우도 있다. 특별히 비슷한 산나물은 없지만, 잎이 부드럽고 맛있어 보이기 때문에 따서 먹는 사고가 많다. 독성분에 동공이 갑자기 확대되는 작용이 있으므로, 이것을 만진 손으로 눈을 비비는 것도 위험하다.

등대풀 Euphorbia helioscopia

비슷한 산나물 특별히 없다. **독이 있는 부위** 전체. **독성분** 사포닌. **착각하기 쉬운 시기** 잎이 필 무렵.

봄나물을 채취할 무렵에 눈에 자주 띈다. 황록색 잎이 먹음직스러워 보이므로 착각해서 잘못 채취하기 쉽다. 잎이나 줄기에 상처를 내면 하얀 유액이 나

온다. 이것이 피부에 닿으면 옻이 옮는다. 잘못 먹으면 입이나 위의 점막이 짓무르고 구토, 복통, 설사 등을 일으킨다. 줄기 끝에 5장의 커다란 잎이 윤생하는데, 이것이 등불을 밝히는 등대와 비슷하다고 해서 지어진 이름이다.

천남성 Arisaema spp.

비슷한 산나물 특별히 없다. **독이 있는 부위** 전체. **독성분** 사포닌 등. **착각하기 쉬운 시기** 새싹이 돋을 무렵.

어둑어둑하고 습한 수풀 밑에 많으며 독특한 꽃을 피운다. 변종이 많고, 지방에 따라 꽃 모양이 조금씩 다르다. 잘못 입에 대면 타는 듯한 자극이 느껴지고 입 안에 심각한 염증을 일으킨다. 열매는 옥수수처럼 달리는데 10월에 빨간빛으로 익는다. 맹독성식물로 특히 뿌리에 맹독 성분이 많으며, 약간 씁쓸한 양파 맛이 난다. 무심코 먹었다가 죽음에 이르는 경우도 있다.

배풍등 Solanum lyratum

비슷한 산나물 특별히 없다. **독이 있는 부위** 전체(특히 열매). **독성분** 솔라닌 등. **착각하기 쉬운 시기** 9~11월, 열매가 맺힐 무렵.

인가 근처나 볕이 좋은 야산에서 자주 보이는 덩굴풀이다. 가을에 직경

8mm 정도의 빨간 열매를 맺는데, 이 열매가 특히 유독하다. 착각해서 열매를 먹으면 구토 증상과 설사, 복통을 일으키며, 많이 먹으면 사망한다. 방울토마토 같은 작은 열매가 늦가을까지 먹음직스럽게 달려 있다.

때죽나무 Styrax japonica

비슷한 산나물 특별히 없다. **독이 있는 부위** 과실 껍질. **독성분** 에그사포닌 등. **착각하기 쉬운 시기** 열매가 맺힐 무렵.

보통은 잡목림에서 자라지만, 도시의 공원에도 종종 심는다. 과실 껍질에 독이 있어서 씹으면 아주 쓰다. 잘못 먹으면 목이 얼얼하다. 이 독을 섭취하면

목이나 위의 점막이 크게 자극 받는다. 열매는 익으면 과실의 껍질이 세로로 갈라지며, 갈색 씨가 나타난다. 꽃은 1~4개 드리워진다. 줄기는 그다지 크지 않으며, 뿌리 밑동에서 몇 개가 나와 나무처럼 무성해진다.

The Wild Greens of Korea

부록

텃밭의 나물들

요즘은 사시사철 언제나 싱싱한 채소를 만날 수 있다.
시설농업이 발달했기 때문이다. 이제 그런 채소를
집에서 길러 먹는 집들이 많아졌다.
한국인의 집에 빠지지 않는 공간이었던 텃밭이
집으로 들어왔기 때문이다. 상에 올릴 채소는
그날그날 우리 집 텃밭에서 길러서 뚝뚝 따다
씻고 다듬어 먹는 재미를 누려보자.

시금치 Spinach

원산지 서남아시아 **분류** 엽채류/명아주과 **생태** 1~2년초 **전초외양** 직립형 **전초높이** 0.5m
영양분 비타민 A, C, 갈륨, 칼슘 등 **심는시기** 2월 상순~5월 하순.

페르시아지방이 원산지이며, 중국을 통해서 우리나라에 전파되었다. 1577년(선조 10)에 편찬된 『훈몽자회』에 시금치가 등장하는 것으로 보아 조선 초기부터 재배된 것으로 여겨진다. 주요 성분은 단백질, 지방, 탄수화물, 섬유질이며, 그 밖에 철분, 비타민 A, 비타민 C가 들어 있다. 특히 시금치는 풍부한 섬유소질을 함유하고 있어 변비에 좋고, Fe, 엽산은 빈혈을 예방한다.

쑥갓 Crown daisy

원산지 지중해 연안 **분류** 엽채류/국화과 **생태** 2년초 **전초외양** 직립형 **전초높이** 0.3~0.6m
영양분 비타민 C, 카로틴, 칼륨 등. **심는시기** 4~9월에 파종하여, 2~3회에 걸쳐 수확한다.

지중해 연안이 원산지이며, 쌈재료로 이용하거나 데쳐서 나물로 한다. 짧은 기간에 재배, 수확할 수 있고 더위에 잘 견디므로 한 번 심으면 오래 수확할 수 있다. 추위를 만나면 한결 맛이 좋아지므로, 겨울갈이도 좋다. 독특한 향미가 있어 쌈과 나물로 식용하는데, 잎은 가늘고 부드러우며, 특유의 향기의 주성분은 피넨(pinene), 벤즈알데히드(benzaldehyde) 등이다. 식이섬유소가 풍부하여 변비에 좋고, 다양한 비타민이 함유되어 있어 피부건강에 좋다.

상추 Lettuce

원산지 유럽, 북부아메리카 등 **분류** 엽채류/국화과 **생태** 2년초 **전초외양** 직립형 **전초높이** 약 1m **영양분** 비타민, 미네랄, 철분 등 **심는시기** 3~6월에, 6cm 간격의 골에 줄뿌림을 한다.

재배되는 상추는 품종이 많이 분화되어, 크게 결구상추, 잎상추, 배추상추, 줄기상추의 4가지 변종으로 나뉜다. 한국에서는 주로 잎상추를 심으나 최근에는 결구상추도 많이 심고 있다. 상추는 비타민과 무기질이 풍부하며, 줄기에서 나오는 우윳빛 즙액에 락투세린(Lactucerin)과 락투신(Lactucin)이 들어 있는데, 이것이 진통과 최면 효과가 있어 상추를 많이 먹으면 잠이 온다.

아욱 Mallow

원산지 북부 온대, 아열대지방 **분류** 엽채류/아욱과 **생태** 1년초 **전초외양** 직립형 **전초높이** 60~90cm **영양분** 비타민, 미네랄, 칼슘 등 **심는시기** 2월 중순~4월 하순, 수확 3월 중순~12월 중순.

아욱은 중국에서 '채소의 왕' 으로 여겼던 중요한 채소였고 오랜 재배 역사를 지닌 채소로 중국과 우리나라에서 특히 사랑 받아온 채소다. 농촌과 사찰 등에서 흔히 심는다. 아욱은 채소 중 영양가가 높은 시금치보다 단백질은 거의 2배, 지방은 3배, 칼슘은 2배나 많다. 또한 비타민 A의 함량이 아주 많고 비타민 C도 많은 편이다. 무기질, 칼슘이 풍부하여 어린이 성장발육에 효과적이다.

부추 Chives

원산지 동남아시아, 중국 서북부 **분류** 엽채류/부추과 **생태** 다년초 **전초외양** 직립형 **전초높이** 0.3~0.4m **영양분** 비타민 A, B, C, 칼륨 등 **심는시기** 3월에 직파하고, 다소 베게 파종한다.

'봄부추는 인삼보다도 좋다'고도 하고, '봄부추 한 사발은 피 한 사발과 같다'는 말도 있다. 특유의 향으로 입맛을 돋우는 부추는 봄이 오면 가장 먼저 얼굴을 내미는 채소 중에 하나다. 부추는 일 년 내내 구할 수 있으나 이른 봄부터 여름에 걸쳐 나오는 것이 연하고 맛이 좋다. 예로부터 간 기능을 강화하고, 혈액순환을 도우며 몸을 따뜻하게 하고, 만성요통을 개선하고, 감기나 설사, 빈혈의 치료에도 효능이 있는 것으로 전해져왔다.

들깨 Perilla

원산지 중국 중남부 등 **분류** 엽채류, 조미류./꿀풀과 **생태** 1년초 **전초외양** 직립형 **전초높이** 0.6~0.9m **영양분** 비타민 C, 카로틴, 칼슘 등 **심는시기** 봄에, 이랑 폭 60cm, 포기 사이 15~25cm로 하여 파종한다.

인도의 고지(高地)와 중국 중남부 등이 원산지이며, 우리나라에서도 옛날부터 전국적으로 재배된 것으로 보인다. 우리가 흔히 깻잎이라고 하는 것은 들깨의 잎을 가리키는 것으로 들깨가 생육하는 동안에 잎을 수확하여 식용으로 하는 것이 바로 깻잎이다. 깻잎에 들어 있는 독특한 향이 입맛을 돋우어 주므로 쌈채소로 많이 이용된다. 특히 육류의 누린내와 생선의 비린내를 없애주기 때문에 쌈으로 많이 먹는다. 종자에서 짜낸 기름은 용도가 많다.

근대 Leaf beet

원산지 유럽 남부 **분류** 엽채류/명아주과 **생태** 다년초 **전초외양** 직립형 **전초높이** 약 1m **영양분** 라이신, 페닐알라닌 등의 필수 아미노산 **심는시기** 4월 중순경, 복토한 땅에 직파한다.

요리에는 근대의 1년생 잎을 이용하는데, 예로부터 근대국은 서민들이 즐겨 먹던 음식의 하나이다. 『증보산림경제』에는 '뿌리와 줄기로 국을 끓이면 맛이 담백하다' 라고 되어 있다. 줄기와 잎을 잘라 먹으면 새순이 곧 돋아나 사철 언제나 식용할 수 있다. 그래서 부단초(不斷草)라고도 한다. 옛날부터 위와 장을 튼튼하게 해주는 식품으로 알려져 있다. 근대는 성분상으로 보아 시금치와 비슷하며, 무기질이 풍부하다.

고추 Chili

원산지 남아메리카 **분류** 과채류, 조미류/가지과 **생태** 1년초 **전초외양** 직립형 **전초높이** 1.2~1.5m **영양분** 비타민 A, C, 지방, 갈륨 등 **심는시기** 2월 중순경에 모종을 심는다.

원산지는 아메리카이며, 신대륙 발견 이후 전 세계에 퍼졌다. 우리나라에는 400여 년 전 임진왜란을 전후하여 중국 또는 일본으로부터 도입되어 한국인의 식생활에 커다란 영향을 주었다. 민간에서는 장을 담근 뒤 독 속에 붉은 고추를 집어넣거나 아들을 낳으면 왼새끼 줄에 붉은 고추와 숯을 걸어 악귀를 쫓았다. 말린 고추를 쌀통에 넣어두면 쌀벌레를 제거하는 효과도 있다. 고추에 함유되어 있는 캡사이신은 위액 분비를 촉진하고 단백질의 소화를 돕는다.

마늘 Garlic

원산지 아시아 **분류** 엽채류, 조미류/부추과 **생태** 2년초 **전초외양** 직립형 **전초높이** 약 0.6m **영양분** 비타민, 글루탐산(glutamic acid), 알리신 등 **심는시기** 통상 10월 중순에서 12월까지 가능하다. 수확은 이듬해 7월에 한다.

한식에서 빠질 수 없는 양념 중의 하나인 마늘, 세계 10대 건강식품에 뽑힐 만큼 최고의 건강식품이다. 다양한 유황화합물을 함유하고 있고, 강장제, 암 예방에 도움을 준다. 하지만 마늘은 봄, 가을에는 적게 먹고 여름, 겨울에는 많이 먹는 것이 좋다. 익은 것을 먹으면 보온이 되나, 날것을 먹으면 시력이 나빠질 수 있다. 또한 적혈구를 파괴시킬 수도 있으며, 공복에 먹으면 위벽을 손상시킬 수 있다.

대파 Spring onion

원산지 중국 서부 **분류** 경채류/부추과 **생태** 다년초 **전초외양** 직립형 **전초높이** 약 0.7m **영양분** 비타민, 칼슘 등 **심는시기** 2~3월에 파종하고, 6~7월에 정식한다.

중국 서부가 원산지로, 우리나라에는 고려시대 이전에 들어온 것으로 추정된다.

동양에서는 옛날부터 중요한 채소로 재배하고 있으나, 서양에서는 거의 재배하지 않는다. 소화액 분비를 촉진하고, 식욕 증진의 효과가 있다. 한방에서는 파의 흰색 부분을 총백(蔥白)이라고 하며 약으로 쓴다. 발한, 건위, 가래를 없애는 작용을 한다. 몸을 따뜻하게 하고, 감기와 설사에 좋다. 파에는 칼슘 · 염분 · 비타민 등이 많이 들어 있다.

쪽파 Shallot

원산지 아시아 **분류** 엽채류, 조미류/부추과 **생태** 2년초 **전초외양** 직립형 **전초높이** 약 0.2m
영양분 철분, 비타민 등 **심는시기** 9~10월에 종자를 직파해서 이듬해 봄부터 수확한다.

파와 분구형 양파의 교잡종 재배식물로, 전체를 채소로 이용한다. 파나 마늘과 같은 독특한 향기가 살균력을 지니고 있어 건위제나 강장제, 이뇨제로도 이용된다. 또 고지혈증과 고혈압을 억제하고, 각종 암과 뇌혈관계 질환 등 성인병을 예방하는 항산화 활성 성분이 다량 함유되어 있는 것으로 알려져 있다. 쪽파는 오래 끓이는 국물 요리 이외의 모든 요리에 밑양념으로 사용될 만큼 쓰임새가 많다.

오이 Cucumber

원산지 인도 북서부 **분류** 과채류/박과 **생태** 1년초 **전초외양** 덩굴형 **전초길이** 덩굴성, 약 2m까지 자란다. **영양분** 탄수화물, 이소크엘시트린, 칼륨 등 **심는시기** 4월 중순~4월 하순에, 두둑에 심는다.

덩굴손으로 감아 뻗으면 초여름에 노란 통꽃이 피고, 열매는 가늘고 길며 녹색인데 나중에는 누렇게 익는 식용식물이다. 오이는 찬 성질을 갖고 있으며, 수분과 비타민이 풍부하여 여름철 더위를 이기는 청량식품으로 매우 좋다. 오이를 반으로 갈라 그늘에 잘 말린 후 물에 넣고 끓이면 '오이차'가 되는데, 이것을 마시면 온몸이 푸석푸석 부어오르는 증세를 가라앉히는 효과가 있다.

호박 Pumpkin

원산지 열대 및 남아메리카 **분류** 과채류/박과 **생태** 1년초 **전초외양** 덩굴형 **전초높이** 덩굴성. 환경에 따라 다르다. **영양분** 비타민 A, B, C, 전분 등 **심는시기** 남부지방은 5월 상순, 중부지방은 5월 중순에 모종을 정식한다.

우리나라에서 재배하는 호박은 중앙아메리카 또는 멕시코 남부의 열대 아메리카 원산의 동양계 호박, 남아메리카 원산의 서양계 호박, 멕시코 북부와 북아메리카 원산의 페포계 호박의 3종이다.

이 중 동양계 호박은 예로부터 애호박 · 호박고지용 · 호박범벅 등으로 이용되었다. 그 후 쪄먹는 호박 또는 '밤호박'으로 불리며 주로 쪄서 이용하는 서양계 호박 등이 도입되었다.

동양계 호박

서양계 호박

페포계 호박 주키니

가지 Eggplant

원산지 인도 **분류** 과채류/가지과 **생태** 1년초 **전초외양** 직립형 **전초높이** 약 1m **영양분** 단백질, 지질, 당질 등 **심는시기** 가지는 보통 두 달 정도 묘를 길러 4월 하순에서 5월 상순에 본밭에 심는다.

인도 원산이며, 열대에서 온대에 걸쳐 재배한다. 동아시아에는 5~6세기에 전파되었다. 가지는 토양 적응성이 커서 대부분의 토양에서도 잘 자란다. 열매는 원통형으로 긴 장가지형, 긴 달걀모양의 장란형, 동그란 모양의 구형 등이 있으며, 크기도 다양하고 색상도 흑자색, 연보라색, 주황색 등 여러 가지가 있다.

토마토 Tomato

원산지 남아메리카 **분류** 과채류/가지과 **생태** 1년초 **전초외양** 직립형 **전초높이** 1~1.5m **영양분** 비타민 A, C, 미네랄 등 **심는시기** 봄에, 두둑에 정식한다.

원산지는 남아메리카의 안데스산맥으로 식용으로서 재배되는 토마토는 19세기가 되어 유럽으로 급속히 확산되었다. 방울토마토 또는 체리토마토는 잎이나 열매 등 거의 모든 부분에서 토마토와 비슷하나 열매가 보통 2~3cm이며 구형을 띤다. 조그마한 방울과 같다 하여 방울토마토라고 불린다. 토마토보다 당도가 좀 더 높으며, 토마토와 같이 숙성채소이다. 토마토보다 먹기에 더 간편하고, 달아서 간식이나 후식용으로 사람들이 즐겨 먹는다.

콩-대두(大豆) Soybean

원산지 중국 **분류** 과채류/콩과 **생태** 1년초 **전초외양** 직립형 **전초높이** 약 0.6~0.9m **영양분** 단백질, 지방, 아미노산 등 **심는시기** 5월 상순~6월 초순에 파종한다.

양질의 단백질을 함유하고 있어 '밭에서 나는 고기'라고 할 정도이다. 콩은 야생의 들콩으로부터 재배작물로 발달하였다. 원산지는 중국 동북 지역으로 추정된다. 중국에서는 오곡의 하나로 4,000년 전부터 재배되었으며, 한국에는 삼국시대 초기(BC 1세기 초)부터 재배되었다는 기록이 있다. 심장병, 동맥경화, 고혈압 등의 예방식품으로 알려져 있다.

강낭콩 Kidney bean

원산지 열대 아메리카 **분류** 과채류/콩과 **생태** 1년초 **전초외양** 덩굴형, 직립형 **전초높이** 1.5~2m **영양분** 비타민 B1, B2, B6 등 **심는시기** 4월 하순~5월 초순에 직파한다.

여름에 백색, 황갈색, 흑색의 씨가 여문다. 강낭콩은 비타민 B1, B2, B6가 많아서 쌀밥을 주식으로 하는 한국인에게는 탄수화물 대사를 순조롭게 해주는 매우 좋은 식품이다. 말린 것과 깍지 달린 미숙한 것을 식용한다. 강낭콩의 단백질은 필수아미노산이 많아, 쌀이나 보리와 함께 섭취하면 단백가를 올릴 수 있다.

찾아보기